Kurze Einführung

in die Elemente der

Punkt- und Körpermechanik

Eine zusammenfassende vektorielle Darstellung
für Studium und Praxis

Von

Dr.-Ing. Friedrich Tölke

o. Professor an der Technischen Hochschule Berlin

Sonderabdruck

des Abschnittes „Mechanik starrer Körper"
aus dem **Taschenbuch für Bauingenieure**
herausgegeben von Prof. Dr.-Ing. **F. Schleicher**

Mit 62 Textabbildungen

Berlin

Verlag von Julius Springer

1937

Vorwort.

Dieses Heft entsprang dem Wunsche, Studierenden der ersten Semester ein Gerippe zur Hand zu geben, das ihnen die Grundgesetze der Punkt- und Körpermechanik mit den wichtigsten Anwendungen immer wieder lebendig vor Augen führt. Es wurde absichtlich so knapp wie möglich gehalten, um die gesamtheitliche Auffassung zu steigern, die erfahrungsgemäß oft zu wünschen übrigläßt. Es soll kein Wissen, sondern Verständnis vermittelt werden, weshalb auf ablenkende Fragen wie die Ermittlung von Schwerpunkten oder Trägheitsmomenten in keiner Weise eingegangen ist. Es gibt Taschenbücher genug, in denen alles Wissenswerte darüber zu finden ist. Die vektorielle Darstellung war bei dem heutigen Stande der Entwicklung selbstverständlich. Quellenhinweise konnten unterbleiben, da die Punkt- und Körpermechanik in den hier behandelten Elementen seit langem abgeschlossen ist. Möge das Heft mithelfen, der Unsitte des ständigen Kollegmitschreibens zu steuern, dessen zweifelhafter Nutzen in gar keinem Verhältnis zu dem Verlust an Zeit und Verständnis steht. Der Verlagsbuchhandlung gebührt Dank, daß sie das Heft trotz seiner vorbildlichen Ausstattung zu einem für jeden erschwinglichen Preise herausgebracht hat.

Charlottenburg, im Oktober 1937.   **F. Tölke.**

ISBN-13: 978-3-642-98170-8   e-ISBN-13: 978-3-642-98981-0
DOI: 10.1007/978-3-642-98981-0

Inhaltsverzeichnis.

Bezeichnungen und Zusammenstellungen.

$\mathfrak{A}$, $\mathfrak{a}$ Vektoren

$|\mathfrak{A}|$, $|\mathfrak{a}|$, A, a absolute Beträge von Vektoren

e_1, e_2, e_3 Einheitsvektoren

i_1, i_2, i_3 aufeinander senkrechte Einheitsvektoren

$\mathfrak{A}\,\mathfrak{B}$, $\mathfrak{a}\,\mathfrak{b}$ skalare oder innere Produkte zweier Vektoren

$\mathfrak{A} \times \mathfrak{B}$, $\mathfrak{a} \times \mathfrak{b}$ äußere oder vektorielle Produkte zweier Vektoren

$\mathfrak{A}\,(\mathfrak{B} \times \mathfrak{C}) = \mathfrak{A}\,\mathfrak{B}\,\mathfrak{C}$ gemischtes Produkt dreier Vektoren = Rauminhalt des zugehörigen Parallelepipeds

$\mathfrak{A} \times (\mathfrak{B} \times \mathfrak{C})$ doppeltes vektorielles Produkt zweier Vektoren

$\mathfrak{A}\,\mathfrak{B} = \mathfrak{B}\,\mathfrak{A} = |\mathfrak{A}|\,|\mathfrak{B}| \cos \varphi \qquad \varphi$ von $\mathfrak{A}$ und $\mathfrak{B}$ eingeschlossener Winkel

$\mathfrak{A} \times \mathfrak{B} = -\,\mathfrak{B} \times \mathfrak{A} = \mathfrak{n}\,|\mathfrak{A}|\,|\mathfrak{B}| \sin \varphi$; $\mathfrak{n}$ Einheitsvektor senkrecht auf Ebene von $\mathfrak{A}$ und $\mathfrak{B}$; Pfeilrichtung positiv nach oben, wenn φ von $\mathfrak{A}$ nach $\mathfrak{B}$ im Linkssinne dreht

$\mathfrak{A}\,\mathfrak{A} = A^2$; $\quad \mathfrak{A} \times \mathfrak{A} = 0$

$\mathfrak{A}\,(\mathfrak{B} \times \mathfrak{C}) = \mathfrak{B}\,(\mathfrak{C} \times \mathfrak{A}) = \mathfrak{C}\,(\mathfrak{A} \times \mathfrak{B})$; $\quad \mathfrak{A}\,\mathfrak{B}\,\mathfrak{C} = \mathfrak{B}\,\mathfrak{C}\,\mathfrak{A} = \mathfrak{C}\,\mathfrak{A}\,\mathfrak{B}$. Vertauschungssatz

$\mathfrak{A} \times (\mathfrak{B} \times \mathfrak{C}) = \mathfrak{B}\,(\mathfrak{C}\,\mathfrak{A}) - \mathfrak{C}\,(\mathfrak{A}\,\mathfrak{B})$ Entwicklungssatz

$$\left. \begin{aligned} \frac{d\,(\mathfrak{A}\,\mathfrak{B})}{d\,u} &= \frac{d\,\mathfrak{A}}{d\,u}\,\mathfrak{B} + \mathfrak{A}\,\frac{d\,\mathfrak{B}}{d\,u} \\[2ex] \frac{d\,(\mathfrak{A} \times \mathfrak{B})}{d\,u} &= \frac{d\,\mathfrak{A}}{d\,u} \times \mathfrak{B} + \mathfrak{A} \times \frac{d\,\mathfrak{B}}{d\,u} \end{aligned} \right\} \quad \text{entsprechend der Differentiation skalarer Produkte}$$

Schiefwinklige Komponentendarstellung

$\mathfrak{A} = A_1\,e_1 + A_2\,e_2 + A_3\,e_3$; $\quad \mathfrak{B} = B_1\,e_1 + B_2\,e_2 + B_3\,e_3$; $\quad \mathfrak{C} = C_1\,e_1 + C_2\,e_2 + C_3\,e_3$

$\mathfrak{A}\,\mathfrak{B} = A_1\,B_1 + A_2\,B_2 + A_3\,B_3 + (A_1\,B_2 + A_2\,B_1)\,e_1\,e_2 + (A_2\,B_3 + A_3\,B_2)\,e_2\,e_3 + (A_3\,B_1 + A_1\,B_3)\,e_3\,e_1$

$$\mathfrak{A} \times \mathfrak{B} = \begin{vmatrix} e_2 \times e_3 & A_1 & B_1 \\ e_3 \times e_1 & A_2 & B_2 \\ e_1 \times e_2 & A_3 & B_3 \end{vmatrix}; \quad \mathfrak{A}\,\mathfrak{B}\,\mathfrak{C} = e_1\,e_2\,e_3 \begin{vmatrix} A_1 & B_1 & C_1 \\ A_2 & B_2 & C_2 \\ A_3 & B_3 & C_2 \end{vmatrix}$$

$$|A| = \sqrt{A_1^2 + A_2^2 + A_3^2 + 2\,A_1\,A_2\,e_1\,e_2 + 2\,A_2\,A_3\,e_2\,e_3 + 2\,A_3\,A_1\,e_3\,e_1}$$

Rechtwinklige Komponentendarstellung

$\mathfrak{A} = A_1\,i_1 + A_2\,i_2 + A_3\,i_3$; $\quad \mathfrak{B} = B_1\,i_1 + B_2\,i_2 + B_3\,i_3$; $\quad \mathfrak{C} = C_1\,i_1 + C_2\,i_2 + C_3\,i_3$

$\mathfrak{A}\,\mathfrak{B} = A_1\,B_1 + A_2\,B_2 + A_3\,B_3$

$$\mathfrak{A} \times \mathfrak{B} = \begin{vmatrix} i_1 & A_1 & B_1 \\ i_2 & A_2 & B_2 \\ i_3 & A_3 & B_3 \end{vmatrix} = i_1\,(A_2\,B_3 - A_3\,B_2) + i_2\,(A_3\,B_1 - A_1\,B_3) + i_3\,(A_1\,B_2 - A_2\,B_1).$$

$$\mathfrak{A}\,\mathfrak{B}\,\mathfrak{C} = \begin{vmatrix} A_1 & B_1 & C_1 \\ A_2 & B_2 & C_2 \\ A_3 & B_3 & C_3 \end{vmatrix}$$

Beziehungen zwischen Einheitsvektoren von Vektorkreuzen

$i_1\,i_2 = i_2\,i_3 = i_3\,i_1 = 0$; $\quad i_1\,i_1 = i_2\,i_2 = i_3\,i_3 = 1$;

$i_1 \times i_1 = i_2 \times i_2 = i_3 \times i_3 = 0$; $\quad i_1 \times i_2 = i_3$; $\quad i_2 \times i_3 = i_1$; $\quad i_3 \times i_1 = i_2$;

$i_1\,i_2\,i_3 = 1$

I. Bewegungslehre.

A. Punktbewegung.

1. Die Bahnkurve.

Ein Massenpunkt bewege sich gemäß Abb. 1 auf einer räumlichen Bahnkurve, die an jeder Stelle durch ihren Abstand $\mathfrak{r}$ von einem festen Punkte 0 festgelegt sei; $\mathfrak{r}$ heißt dann der Ortsvektor der Bahnkurve. Er kann als Funktion irgendeines Parameters, z. B. der Bogenlänge s dargestellt werden.

$$(1) \qquad \mathfrak{r} = \mathfrak{r} \, (s) \quad \text{(Ortsvektor).}$$

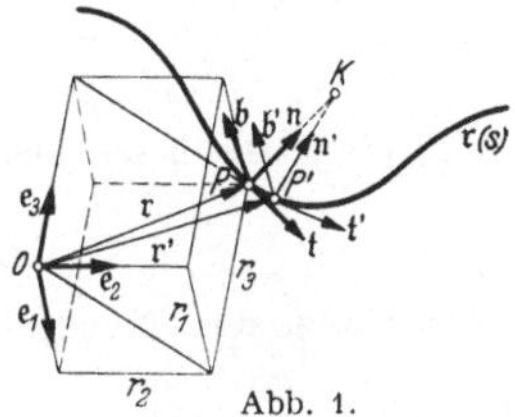

Wird $\mathfrak{r}$ auf irgendein schief- oder rechtwinkliges festes Vektortripel $\mathfrak{e}_1$, $\mathfrak{e}_2$, $\mathfrak{e}_3$ bezogen und sind r_1, r_2, r_3 die zugehörigen schiefen oder rechtwinkligen Projektionen von $\mathfrak{r}$, so ergibt sich für $\mathfrak{r}$ die Komponentendarstellung

$$(2) \qquad \mathfrak{r} = \mathfrak{e}_1 r_1 \, (s) + \mathfrak{e}_2 r_2 \, (s) + \mathfrak{e}_3 r_3 \, (s).$$

Betrachtet man zwei benachbarte Punkte P und P' der Bahnkurve, so wird der Grenzwert

$$\lim_{P' \to P} \frac{\mathfrak{r}' - \mathfrak{r}}{s' - s} = \lim_{\Delta s \to 0} \frac{\Delta \mathfrak{r}}{\Delta s} = \frac{d \mathfrak{r}}{d s}$$

als Tangentenvektor $\mathfrak{t}$ bezeichnet, also

$$(3) \qquad \mathfrak{t} = d\mathfrak{r} / d s \quad \text{(Tangentenvektor).}$$

Wie schon die Bezeichnung andeutet, fällt $\mathfrak{t}$ stets in die Richtung der Tangente der Bahnkurve, wobei die Pfeilrichtung dem vorliegenden Fortschreitungssinne auf der Kurve, also der Bewegungsrichtung entspricht. Im übrigen ist $\mathfrak{t}$ ein Einheitsvektor, da sein absoluter Betrag eins ist,

$$(4) \qquad |\,\mathfrak{t}\,| = 1.$$

Betrachtet man für die zu P und P' gehörigen Tangentenvektoren $\mathfrak{t}$ und $\mathfrak{t}'$ den Grenzwert

$$\lim_{P' \to P} \frac{\mathfrak{t}' - \mathfrak{t}}{s' - s} = \lim_{\Delta s \to 0} \frac{\Delta \mathfrak{t}}{\Delta s} = \frac{d \mathfrak{t}}{d s} = \frac{d^2 \mathfrak{r}}{d s^2} \, ,$$

so ergibt sich der Krümmungsvektor

$$(5) \qquad \mathfrak{n}\, \varkappa = d\mathfrak{t} / d s = d^2 \mathfrak{r} / d s^2 \quad \text{(Krümmungsvektor).}$$

Bezeichnet $\varkappa$ den absoluten Betrag der Krümmung oder den reziproken Wert $1/R$ des Krümmungshalbmessers, so ist $\mathfrak{n}$ wieder ein Einheitsvektor

$$(6) \qquad |\,\mathfrak{n}\,| = 1,$$

und zwar derjenige, der in jedem Punkte der Kurve nach dem Krümmungsmittelpunkte hinweist. Er heißt Hauptnormalenvektor oder kürzer auch einfach Normalenvektor und folgt aus (5) zu

$$(7) \qquad \mathfrak{n} = \frac{1}{\varkappa} \frac{d^2 \mathfrak{r}}{d s^2} = R \frac{d^2 \mathfrak{r}}{d s^2} \quad \text{(Hauptnormalenvektor).}$$

Die in jedem Kurvenpunkte durch $\mathfrak{t}$ und $\mathfrak{n}$ bestimmte Ebene wird Schmiegungsebene genannt, und die auf ihr senkrecht stehende Kurvennormale heißt Binormale. Wird diese im Linkssinne gerichtet und der zugehörige Einheitsvektor mit $\mathfrak{b}$

bezeichnet, so ergibt sich

$$(8) \qquad \mathfrak{b} = \mathfrak{t} \times \mathfrak{n} = \frac{1}{\varkappa} \frac{d\mathfrak{r}}{ds} \times \frac{d^2\mathfrak{r}}{ds^2} \qquad \text{(Binormalenvektor)}$$

und

$$(9) \qquad\qquad\qquad |\,\mathfrak{b}\,| = 1.$$

Die Einheitsvektoren $\mathfrak{t}$, $\mathfrak{n}$, $\mathfrak{b}$ bilden ein dreiachsiges Vektorkreuz, das unter ständiger Richtungsänderung die Kurve begleitet; die zugehörigen Orthogonalitätsbedingungen lauten

$$(10) \qquad\qquad \mathfrak{t} = \mathfrak{n} \times \mathfrak{b}; \quad \mathfrak{n} = \mathfrak{b} \times \mathfrak{t}; \quad \mathfrak{b} = \mathfrak{t} \times \mathfrak{n}.$$

Durch Differentiation nach s und Beachtung von (5) und (10) folgt

$$\frac{d\mathfrak{n}}{ds} = \frac{d\mathfrak{b}}{ds} \times \mathfrak{t} + \mathfrak{b} \times \frac{d\mathfrak{t}}{ds} = \frac{d\mathfrak{b}}{ds} \times \mathfrak{t} - \mathfrak{t}\varkappa;$$

$$\frac{d\mathfrak{b}}{ds} = \frac{d\mathfrak{t}}{ds} \times \mathfrak{n} + \mathfrak{t} \times \frac{d\mathfrak{n}}{ds} = \mathfrak{t} \times \frac{d\mathfrak{n}}{ds}.$$

Wird die letzte dieser Gleichungen skalar mit $\mathfrak{t}$ multipliziert, so erhält man

$$\mathfrak{t}\,\frac{d\mathfrak{b}}{ds} = \mathfrak{t}\left(\mathfrak{t} \times \frac{d\mathfrak{n}}{ds}\right) = \frac{d\mathfrak{n}}{ds}\,(\mathfrak{t} \times \mathfrak{t}) = 0.$$

Ferner folgt aus (9) oder $\mathfrak{b}\mathfrak{b} = 1$ durch Differentiation

$$\mathfrak{b}\,\frac{d\mathfrak{b}}{ds} = 0.$$

Der Vektor $d\mathfrak{b}/ds$ steht hiernach gleichzeitig auf $\mathfrak{t}$ und $\mathfrak{b}$ senkrecht und fällt demgemäß in die Richtung der Hauptnormalen. Man kann daher

$$(11) \qquad\qquad\qquad d\mathfrak{b}/ds = \mathfrak{n}\,\tau$$

setzen. Der Binormalenvektor dreht sich also, wenn man von einem Punkte P der Kurve zu einem benachbarten Punkte P' fortschreitet, stets um den Tangentenvektor $\mathfrak{t}$. Hierbei ist τ das auf die Bogeneinheit bezogene Maß der Drehung und heißt die Windung der Bahnkurve. Sind $\varkappa$ und τ in jedem Punkte bekannt, so liegt die Bahnkurve damit vollständig fest. Man bezeichnet $\varkappa$ und τ auch als die maßgebenden Invarianten der Bahnkurve.

Werden mit Hilfe der vorhergehenden Gleichungen $\mathfrak{t}$, $\mathfrak{n}$ und $\mathfrak{b}$ durch $\varkappa$ und τ ausgedrückt, so ergeben sich die sog. FRENETschen Formeln

$$(12) \qquad dt/ds = \mathfrak{n}\varkappa; \quad d\mathfrak{n}/ds = -\,\mathfrak{t}\varkappa - \mathfrak{b}\tau; \quad d\mathfrak{b}/ds = \mathfrak{n}\tau.$$

Aus (6) folgt bei Beachtung von (7)

$$(13) \qquad\qquad\qquad \varkappa = |\,d^2\mathfrak{r}/ds^2\,| \qquad \text{(Krümmung)}$$

und aus (12)^2 bei Beachtung von (7) und (8) sowie des Vertauschungssatzes

$$(14) \qquad\qquad \tau = -\,\mathfrak{b}\,\frac{d\mathfrak{n}}{ds} = -\,\frac{1}{\varkappa^2}\,\frac{d\mathfrak{r}}{ds}\,\frac{d^2\mathfrak{r}}{ds^2}\,\frac{d^3\mathfrak{r}}{ds^3} \qquad \text{(Windung)}.$$

Wird für den Ortsvektor $\mathfrak{r}$ die Komponentendarstellung (2) zugrunde gelegt, so ergeben sich für $\varkappa$ und τ die Ausdrücke

$$(15) \quad \varkappa = \sqrt{\left(\frac{d^2r_1}{ds^2}\right)^2 + \left(\frac{d^2r_2}{ds^2}\right)^2 + \left(\frac{d^2r_3}{ds^2}\right)^2 + 2\,\mathfrak{e}_1\mathfrak{e}_2\frac{d^2r_1}{ds^2}\frac{d^2r_2}{ds^2} + 2\,\mathfrak{e}_2\mathfrak{e}_3\frac{d^2r_2}{ds^2}\frac{d^2r_3}{ds^2} + 2\,\mathfrak{e}_3\mathfrak{e}_1\frac{d^2r_3}{ds^2}\frac{d^2r_1}{ds^2}}$$

$$(16) \qquad\qquad \tau = -\,\frac{\mathfrak{e}_1\,\mathfrak{e}_2\,\mathfrak{e}_3}{\varkappa^2}\begin{vmatrix} \dfrac{dr_1}{ds} & \dfrac{d^2r_1}{ds^2} & \dfrac{d^3r_1}{ds^3} \\[2mm] \dfrac{dr_2}{ds} & \dfrac{d^2r_2}{ds^2} & \dfrac{d^3r_2}{ds^3} \\[2mm] \dfrac{dr_3}{ds} & \dfrac{d^2r_3}{ds^2} & \dfrac{d^3r_3}{ds^3} \end{vmatrix}.$$

Im Sonderfalle eines rechtwinkligen Bezugstripels zieht sich (15) auf die Wurzel aus den Quadraten zusammen, während in (16) das gemischte Produkt eins wird. Wenn die Determinante in (16) verschwindet, ist die Bahnkurve eben.

Für Schmiegungsebene, Normalebene, Tangente, Hauptnormale und Krümmungsmittelpunkt ergeben sich nach Abb. 2—5 die folgenden Beziehungen:

$$(17) \qquad (\bar{\mathfrak{r}} - \mathfrak{r})\,\mathfrak{b} = 0; \qquad \begin{vmatrix} r_1 - r_1 & \dfrac{d\,r_1}{d\,s} & \dfrac{d^2\,r_1}{d\,s^2} \\[2mm] r_2 - r_2 & \dfrac{d\,r_2}{d\,s} & \dfrac{d^2\,r_2}{d\,s^2} \\[2mm] r_3 - r_3 & \dfrac{d\,r_3}{d\,s} & \dfrac{d^2\,r_3}{d\,s^2} \end{vmatrix} = 0 \quad \text{(Schmiegungsebene)}.$$

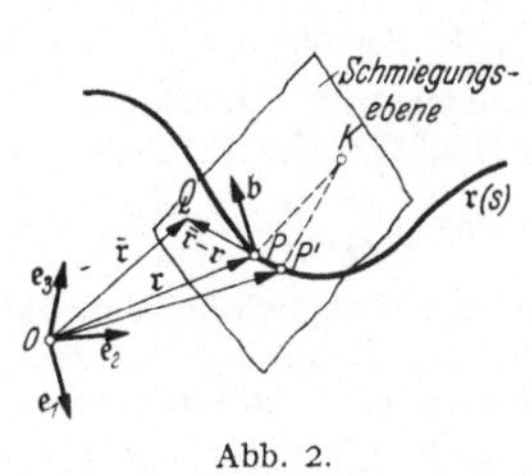

Abb. 2.

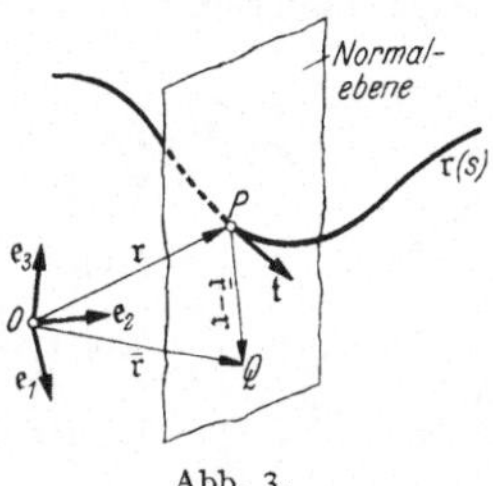

Abb. 3.

$$(18) \qquad (\bar{\mathfrak{r}} - \mathfrak{r})\,\mathfrak{t} = 0; \quad (\bar{\mathfrak{r}} - \mathfrak{r})\,\frac{d\,\mathfrak{r}}{d\,s} = 0 \quad \text{(Normalebene)}.$$

$$(19) \qquad \bar{\mathfrak{r}} = \mathfrak{r} + t\,e \quad \text{(Tangente)};$$

$$(20) \qquad \bar{\mathfrak{r}} = \mathfrak{r} + n\,e \quad \text{(Hauptnormale)};$$

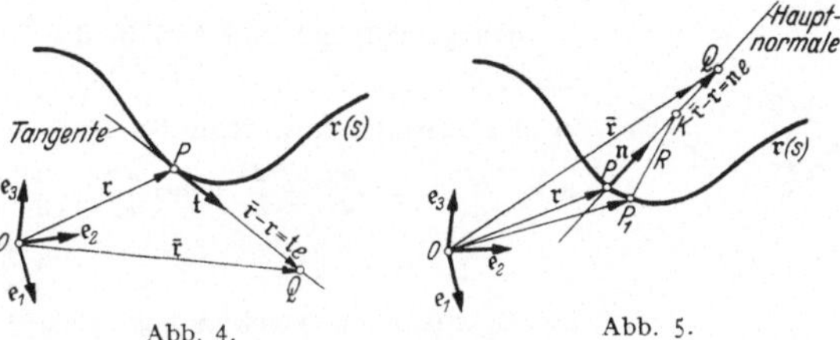

Abb. 4. Abb. 5.

$$(21) \qquad \mathfrak{r}_\varkappa = \mathfrak{r} + \frac{n}{\varkappa} = \mathfrak{r} + n\,R \quad \text{(Krümmungsmittelpunkt)}.$$

In den meisten Fällen der Anwendung ist der Ortsvektor $\mathfrak{r}$ nicht als Funktion der Bogenlänge s, sondern als solche eines anderen geeigneteren Parameters λ gegeben, also

$$\mathfrak{r} = e_1\,r_1\,(\lambda) + e_2\,r_2\,(\lambda) + e_3\,r_3\,(\lambda).$$

Da die Bogenlänge s dann ebenfalls von λ abhängt, ergibt sich zunächst für $\mathfrak{t}$

$$(22) \qquad \frac{d\,\mathfrak{r}}{d\,s} = \frac{d\,\mathfrak{r}}{d\,\lambda}\,\frac{d\,\lambda}{d\,s} = \frac{\dfrac{d\,\mathfrak{r}}{d\,\lambda}}{\dfrac{d\,s}{d\,\lambda}} = \frac{\dfrac{d\,\mathfrak{r}}{d\,\lambda}}{\left|\dfrac{d\,\mathfrak{r}}{d\,\lambda}\right|},$$

und entsprechend für irgendeinen Vektor $\mathfrak{v}$

$$(23) \qquad \frac{d\,\mathfrak{v}}{d\,s} = \frac{d\,\mathfrak{v}}{d\,\lambda}\,\frac{d\,\lambda}{d\,s} = \frac{\dfrac{d\,\mathfrak{v}}{d\,\lambda}}{\dfrac{d\,s}{d\,\lambda}} = \frac{\dfrac{d\,\mathfrak{v}}{d\,\lambda}}{\left|\dfrac{d\,\mathfrak{r}}{d\,\lambda}\right|}.$$

In ähnlicher Weise können auch höhere Ableitungen nach s schrittweise in solche nach λ umgeschrieben werden.

2. Geschwindigkeit und Beschleunigung.

Wird nunmehr als Parameter die Zeit t eingeführt, so wird $\mathfrak{r}$ eine Funktion der Zeit

$$(24) \qquad \begin{cases} \mathfrak{r} = \mathfrak{r}\,(t), \\ \mathfrak{r} = \mathfrak{e}_1 r_1\,(t) + \mathfrak{e}_2 r_2\,(t) + \mathfrak{e}_3 r_3\,(t). \end{cases}$$

Der Grenzwert

$$\lim_{P' \to P} \frac{\mathfrak{r}' - \mathfrak{r}}{t' - t} = \lim_{\varDelta t \to 0} \frac{\varDelta \mathfrak{r}}{\varDelta t} = \frac{d\mathfrak{r}}{dt}$$

heißt die Geschwindigkeit $\mathfrak{v}$ des Massenpunktes, also

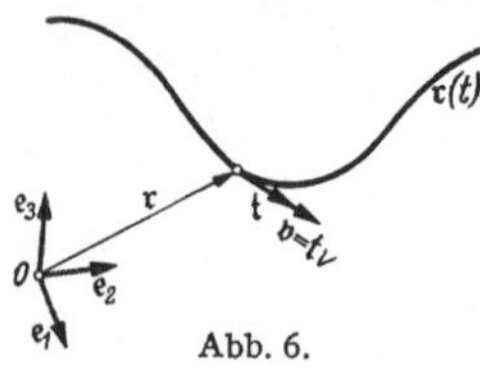

Abb. 6.

$$(25) \qquad \mathfrak{v} = d\mathfrak{r}/dt \quad \text{(Geschwindigkeitsvektor).}$$

Faßt man $\mathfrak{r}$ zunächst als Funktion von s auf und s wiederum als Funktion der Zeit, so folgt

$$(26) \qquad \mathfrak{v} = \frac{d\mathfrak{r}}{ds}\frac{ds}{dt} = \mathfrak{t}\frac{ds}{dt}\,.$$

(26) zeigt, daß der Geschwindigkeitsvektor stets in die Richtung der Bahntangente fällt (Abb. 6). Ferner ergibt sich der absolute Betrag von $\mathfrak{v}$ zu

$$(27) \qquad |\mathfrak{v}| = v = ds/dt \quad \text{(Bahngeschwindigkeit).}$$

Der Grenzwert

$$\lim_{P' \to P} \frac{\mathfrak{v}' - \mathfrak{v}}{t' - t} = \lim_{\varDelta t \to 0} \frac{\varDelta \mathfrak{v}}{\varDelta t} = \frac{d\mathfrak{v}}{dt} = \frac{d^2\mathfrak{r}}{dt^2}$$

heißt die Beschleunigung $\mathfrak{p}$ des Massenpunktes, also

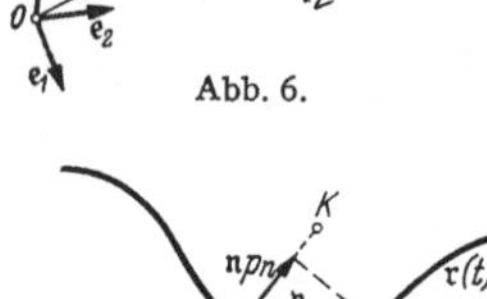

Aob. 7.

$$(28) \qquad \mathfrak{p} = d\mathfrak{v}/dt = d^2\mathfrak{r}/dt^2 \quad \text{(Beschleunigungsvektor).}$$

Wird $\mathfrak{v}$ gemäß (26) und (27) in der Form

$$(26') \qquad\qquad \mathfrak{v} = \mathfrak{t}\,v$$

in (28) eingeführt, so folgt bei Beachtung von (12)

$$\mathfrak{p} = \frac{d(\mathfrak{t}v)}{dt} = \mathfrak{t}\frac{dv}{dt} + \frac{d\mathfrak{t}}{dt}\,v = \mathfrak{t}\frac{dv}{dt} + \frac{d\mathfrak{t}}{ds}\frac{ds}{dt}\,v =$$

$$= \mathfrak{t}\frac{dv}{dt} + \mathfrak{n}\,\varkappa\,v^2.$$

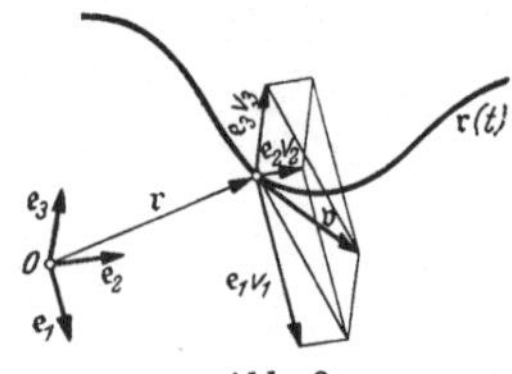

Abb. 8.

Der Beschleunigungsvektor liegt also in der Schmiegungsebene. Der Faktor von $\mathfrak{t}$ heißt Tangentialbeschleunigung p_t, derjenige von $\mathfrak{n}$ Normal- oder Zentripetalbeschleunigung p_n. Damit erhält man (Abb. 7)

$$(29) \qquad \mathfrak{p} = \mathfrak{t}\,p_t + \mathfrak{n}\,p_n; \quad p_t = dv/dt; \quad p_n = \varkappa\,v^2 = v^2/R.$$

Betrachtet man auch hier wieder v als Funktion von s und s als Funktion von t, so läßt sich p_t auch in der Form

$$(30) \qquad p_t = \frac{dv}{ds}\frac{ds}{dt} = \frac{dv}{ds}\,v = \frac{d\left(\tfrac{1}{2}v^2\right)}{ds}$$

darstellen, die als konvektive Form der Tangentialbeschleunigung bezeichnet wird.

Wird für den Ortsvektor $\mathfrak{r}$ die Komponentendarstellung (24) zum Ausgangspunkt gewählt, so ergeben sich entsprechende Komponentendarstellungen für $\mathfrak{v}$ und $\mathfrak{p}$. Man erhält (Abb. 8):

$$(31) \qquad \mathfrak{v} = \mathfrak{e}_1 v_1 + \mathfrak{e}_2 v_2 + \mathfrak{e}_3 v_3; \quad v_1 = dr_1/dt; \quad v_2 = dr_2/dt; \quad v_3 = dr_3/dt.$$

$$(32) \qquad \mathfrak{p} = \mathfrak{e}_1 p_1 + \mathfrak{e}_2 p_2 + \mathfrak{e}_3 p_3; \quad p_1 = d^2 r_1/dt^2; \quad p_2 = d^2 r_2/dt^2; \quad p_3 = d^2 r_3/dt^2.$$

3. Freie Bewegung und Führungsbewegung.

Bei der Bewegung eines Massenpunktes können zwei grundsätzlich verschiedene Fälle unterschieden werden, je nachdem, ob der Massenpunkt sich frei im Raume bewegen kann oder auf einer vorgeschriebenen Bahn geführt wird. Im ersteren

Falle ist der Beschleunigungsvektor für jeden Punkt der Bahn bekannt, im letzteren der Ortsvektor. Bewegungsvorgänge der erstgenannten Art setzen einer Lösung zuweilen beträchtliche Schwierigkeiten entgegen.

4. Bewegung auf geradliniger Bahn.

Im Sonderfalle der Bewegung auf geradliniger Bahn wird der Vektorbegriff entbehrlich. Es ergeben sich die Sonderformeln:

$$(33) \qquad \left\{ \begin{aligned} s &= s\,(t) \\ v &= v\,(t) = ds/dt \\ b &= b\,(t) = dv/dt = d^2 s/dt^2 \end{aligned} \right\} \qquad \text{(bei vorgegebener Zeitabhängigkeit).}$$

$$(34) \qquad \left\{ \begin{aligned} t &= t\,(s) \\ v &= v\,(s) = \frac{1}{dt/ds} \\ b &= b\,(s) = \frac{d\left(\frac{1}{2} v^2\right)}{ds} \end{aligned} \right\} \qquad \text{(bei vorgegebener Ortsabhängigkeit).}$$

Alle nur denkbaren praktischen Anwendungsfälle können auf einen der folgenden 6 Grundfälle zurückgeführt werden.

a) Gegeben $s = s\,(t)$. v und b folgen als Differentialquotienten gemäß (33).

b) Gegeben $v = v\,(t)$. s folgt aus (33) durch Integration, b durch Differentiation. Man erhält

$$s = s_0 + \int_{t_0}^{t} v\,dt; \qquad b = dv/dt.$$

c) Gegeben $b = b\,(t)$. s und v folgen aus (33) durch Integration. Man erhält

$$s = s_0 + v_0\,(t - t_0) + \int_{t_0}^{t}\int_{t_0}^{t} b\,dt\,dt; \qquad v = v_0 + \int_{t_0}^{t} b\,dt.$$

d) Gegeben $v = v\,(s)$. $t\,(s)$ und damit auch $s\,(t)$ folgten aus (34) durch Integration, b durch Differentiation. Man erhält

$$t\,(s) = t_0 + \int_{s_0}^{s} \frac{ds}{v}; \qquad b\,(s) = \frac{d\left(\frac{1}{2} v^2\right)}{ds}.$$

e) Gegeben $b = b\,(s)$. $t\,(s)$ und damit auch $s\,(t)$ sowie v folgen aus (34) durch Integration. Man erhält

$$t\,(s) = t_0 + \int_{s_0}^{s} \frac{ds}{\sqrt{v_0^2 + 2\int b\,ds}}; \qquad v = \sqrt{v_0^2 + 2\int_{s_0}^{s} b\,ds}.$$

f) Gegeben $b = b\,(v)$. Zunächst folgt aus (34) durch Integration $s = s\,(v)$ und damit auch $v = v\,(s)$, womit alles weitere auf *d)* zurückgeführt ist. Man erhält

$$s\,(v) = s_0 + \int_{v_0}^{v} \frac{v}{b\,(v)}\,dv; \quad \text{aus } s\,(v) \text{ folgt } v\,(s); \quad t\,(s) = t_0 + \int_{s_0}^{s} \frac{ds}{v}; \quad b\,(s) = \frac{d\left(\frac{1}{2} v^2\right)}{ds}.$$

In den unter *a)* bis *f)* behandelten Grundfällen sind die gesuchten Größen auf Differentialquotienten oder bestimmte Integrale zurückgeführt. Da die letzteren, wenn nicht analytisch, so stets auf graphisch-numerischem Wege ausgewertet werden können, ist eine befriedigende Lösung geradliniger Bewegungsaufgaben in jedem Falle möglich.

5. Wurfbewegung.

Die Bewegung, die ein Massenpunkt mit der Anfangsgeschwindigkeit v_0 unter alleiniger Wirkung der Schwere erfährt, heißt Wurfbewegung. Wird das

Bezugssystem so gewählt (Abb. 9), daß e_1 in die Richtung von v_0 und e_2 in diejenige von g fällt, so ergibt sich

$$(35) \qquad v_0 = e_1 v_0; \quad \mathfrak{p} = g = e_2 g; \quad e_1 e_1 = 1; \quad e_1 e_2 = -\cos\alpha; \quad e_2 e_2 = 1.$$

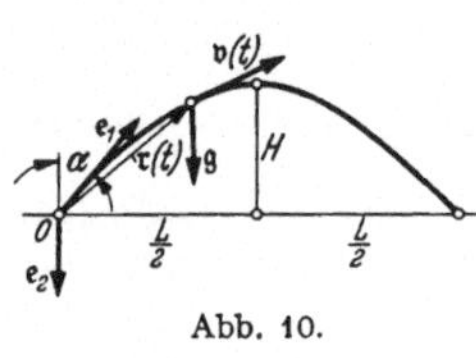

Dem Anfangspunkt der Bewegung entspreche $r_0 = 0$ und $t_0 = 0$.

Geschwindigkeit und Bahnkurve folgen durch Integration von (28) und (25) unter Berücksichtigung von (35) zu

Abb. 9.
$$(36) \qquad \mathfrak{v} = \mathfrak{v}_0 + \int_0^t \mathfrak{p}\, dt = e_1 v_0 + e_2 g t; \quad \mathfrak{r} = e_1 v_0 t + e_2 \frac{g t^2}{2}.$$

Von der Bahnkurve, die nach (36) eine Parabel ist, interessieren in erster Linie Gipfelzeit t_H und Gipfelhöhe H, sowie Wurfzeit t_L und Wurfweite L. Für ebenes waagerechtes Gelände (Abb. 10) folgt die Gipfelzeit aus der Bedingung, daß $\mathfrak{v}$ im Gipfelpunkt waagerecht liegt.

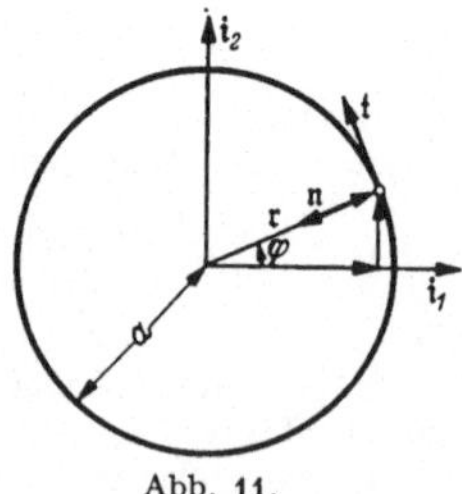

Abb. 10.

$$(37) \qquad \begin{cases} v_H e_2 = 0 = -v_0 \cos\alpha + g t_H; \\[2mm] t_H = \dfrac{v_0}{g}\cos\alpha \quad \text{(Gipfelzeit)}. \end{cases}$$

Die Gipfelhöhe ergibt sich als Projektion des $\mathfrak{r}$-Vektors auf die negative e_2-Richtung.

$$(38) \qquad \begin{cases} H = -\mathfrak{r}\, e_2 = +v_0 t_H \cos\alpha - \dfrac{1}{2} g t_H^2; \\[2mm] H = \dfrac{v_0^2}{2g}\cos^2\alpha \quad \text{(Gipfelhöhe)}. \end{cases}$$

Die Wurfzeit folgt aus der Bedingung, daß der zugehörige $\mathfrak{r}$-Vektor waagerecht liegt.

$$(39) \quad \mathfrak{r}\, e_2 = 0 = -v_0 t_L \cos\alpha + \frac{1}{2} g t_L^2; \quad t_L = \frac{2 v_0}{g}\cos\alpha = 2\, t_H \quad \text{(Wurfzeit)}.$$

Die Wurfweite L ist der absolute Betrag des zu t_L gehörigen $\mathfrak{r}$-Vektors.

$$(40) \qquad \begin{cases} L = \left| e_1 \dfrac{2 v_0^2 \cos\alpha}{g} + e_2 \dfrac{2 v_0^2 \cos^2\alpha}{g} \right| = \dfrac{2 v_0^2 \cos\alpha}{g} \sqrt{1 - 2\cos^2\alpha + \cos^2\alpha}; \\[3mm] L = \dfrac{v_0^2}{g}\sin 2\,\alpha \quad \text{(Wurfweite)}. \end{cases}$$

6. Kreisbewegung.

Bezogen auf die Bogenlänge φ des Einheitskreises als Parameter, lautet die Gleichung des Kreises (Abb. 11) im rechtwinkligen Bezugssystem (i_1, i_2)

$$(41) \quad \mathfrak{r} = i_1 a \cos\varphi + i_2 a \sin\varphi \quad \text{(Kreis, } i_1 i_2 = 0).$$

Hieraus folgt nach (3) für den Tangentenvektor

$$(42) \qquad \mathfrak{t} = d\mathfrak{r}/ds = -i_1 \sin\varphi + i_2 \cos\varphi,$$

während der Normalenvektor unmittelbar aus Abb. 11 zu

$$(43) \qquad \mathfrak{n} = -\mathfrak{r}/a = -i_1 \cos\varphi - i_2 \sin\varphi$$

abgelesen werden kann.

Abb. 11.

Mit $s = a\varphi$ ergibt sich für die Bahngeschwindigkeit v nach (27)

$$(44) \quad v = \frac{ds}{dt} = a\frac{d\varphi}{dt} = a\,\omega \quad (\omega = \text{Winkelgeschwindigkeit}).$$

Ferner folgt für Tangential- und Normalbeschleunigung nach (29)

$$(45) \qquad \begin{cases} p_t = \dfrac{dv}{dt} = a\dfrac{d\omega}{dt} = a\,\dot{\omega} \quad (\dot{\omega} = \text{Winkelbeschleunigung}); \\[2mm] p_n = \varkappa v^2 = a\,\omega^2. \qquad \mathfrak{p} = \mathfrak{t}\, a\,\dot{\omega} + \mathfrak{n}\, a\,\omega^2. \end{cases}$$

Man erhält daher

$$(46) \quad \begin{cases} \mathfrak{v} = t\,v = -\,\mathfrak{i}_1\,a\,\omega\,\sin\varphi + \mathfrak{i}_2\,a\,\omega\cos\varphi; \\ \mathfrak{p} = t\,p_t + \mathfrak{n}\,p_n = -\,\mathfrak{i}_1 a\,(\dot\omega\sin\varphi + \omega^2\cos\varphi) + \mathfrak{i}_2\,a\,(\dot\omega\cos\varphi - \omega^2\sin\varphi). \end{cases}$$

Im Sonderfalle gleichbleibender Winkelgeschwindigkeit ergibt sich

$$(47) \quad \begin{cases} \mathfrak{r} = \mathfrak{i}_1\,a\cos\varphi + \mathfrak{i}_2\,a\sin\varphi \\ \mathfrak{v} = d\mathfrak{r}/dt = -\,\mathfrak{i}_1\,a\,\omega\sin\varphi + \mathfrak{i}_2\,a\,\omega\cos\varphi \\ \mathfrak{p} = d^2\mathfrak{r}/dt^2 = -\,\mathfrak{i}_1\,a\,\omega^2\cos\varphi - \mathfrak{i}_2\,a\,\omega^2\sin\varphi = -\,\mathfrak{r}\,\omega^2 \end{cases} \quad \begin{pmatrix} \omega\ \text{gleichbleibend} \\ \dot\omega = 0 \end{pmatrix}.$$

7. Harmonische Schwingungen.

Aus der letzten der Gl. (47) folgt die Differentialgleichung

$$(48) \qquad \frac{d^2\mathfrak{r}}{dt^2} + \mathfrak{r}\,\omega^2 = 0.$$

Ihre Lösungen werden als „Harmonische Schwingungen" bezeichnet. Im allgemeinsten Falle ergibt sich mit

$$(49) \qquad \mathfrak{r} = \mathfrak{a}\cos\omega t + \mathfrak{b}\sin\omega t$$

als Bahnkurve eine Ellipse (Abb. 12). Ihre schiefen Halbmesser $\mathfrak{a}|$ und $|\mathfrak{b}|$ nennt man Schwingungsamplituden, die Winkelgeschwindigkeit ω Kreisfrequenz. Die zu $\omega t = 2\pi$ gehörige Zeitdauer heißt Schwingungsdauer T und der reziproke Wert von T Schwingungsfrequenz n, also

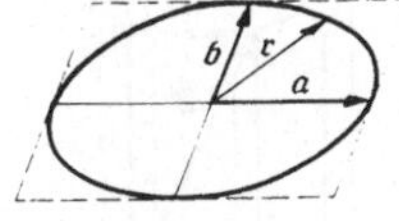

$$(50) \quad \begin{cases} T = \omega/2\pi\ \text{(Schwingungsdauer)}; \\ n = 1/T = 2\pi/\omega\ \text{(Schwingungsfrequenz)}. \end{cases}$$

Abb. 12.

Die Einheit der Schwingungsfrequenz ist das Hertz. (1 Hertz = 1 Schwingung je Sekunde.)

Die durch die Amplitudenvektoren $\mathfrak{a}$ und $\mathfrak{b}$ bestimmte „ebene" Schwingung wird zu einer „einachsigen", wenn einer von beiden, z. B. $\mathfrak{b}$, verschwindet, oder wenn beide in die gleiche Richtung fallen. Mit $\mathfrak{b} = \mathfrak{a}\,\lambda$ folgt

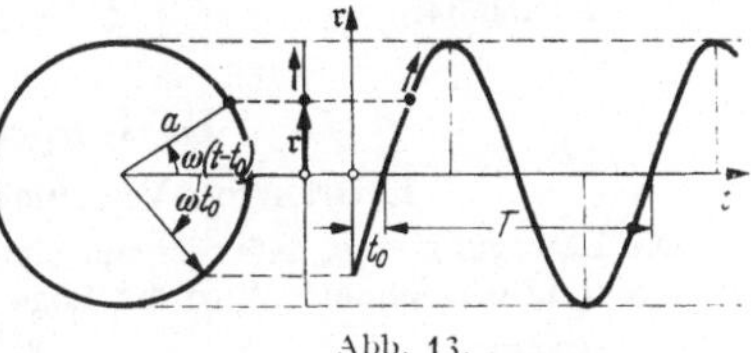
Abb. 13.

$$(51) \quad \mathfrak{r} = \mathfrak{a}\,(\cos\omega t + \lambda\sin\omega t).$$

Bei Einführung der sog. Phasenverschiebung t_0 läßt sich $\mathfrak{r}$ auch in der Form

$$(52) \quad \begin{cases} \mathfrak{r} = \mathfrak{a}\sin\omega\,(t - t_0)\ \text{(einachsige} \\ \text{harmonische Schwingung)} \end{cases}$$

schreiben. Man kann sie in anschaulicher Weise als Projektion einer Kreisbewegung mit gleichbleibender Winkelgeschwindigkeit deuten (Abb. 13). Der Zeitphase t_0 entspricht dabei eine Winkelphase $\varphi_0 = \omega t_0$.

8. Schraubenbewegung.

Bezeichnen $\mathfrak{i}_1$, $\mathfrak{i}_2$, $\mathfrak{i}_3$, drei aufeinander senkrecht stehende Bezugsvektoren, so lautet die Gleichung der Schraubenlinie (Abb. 14)

$$(53) \quad \mathfrak{r} = \mathfrak{i}_1\,a\cos\varphi + \mathfrak{i}_2\,a\sin\varphi + \mathfrak{i}_3\,a\,\varphi\,\mathrm{tang}\,\alpha \quad (\mathfrak{i}_1\mathfrak{i}_2 = \mathfrak{i}_2\mathfrak{i}_3 = \mathfrak{i}_3\mathfrak{i}_1 = 0).$$

Hierbei bezeichnet a den Halbmesser des Schraubenzylinders und α den Steigungswinkel, der sich gemäß

$$(54) \qquad \mathrm{tang}\,\alpha = h/2\,a\,\pi$$

durch die Ganghöhe h ausdrücken läßt (Abb. 14). Aus

$$d\mathfrak{r}/d\varphi = -\,\mathfrak{i}_1 a\sin\varphi + \mathfrak{i}_2 a\cos\varphi + \mathfrak{i}_3 a\,\mathrm{tang}\,\alpha$$

folgt

$$(55) \qquad ds/d\varphi = |d\mathfrak{r}/d\varphi| = a/\cos\alpha \ \text{oder}\ s = a\,\varphi/\cos\alpha.$$

Mit (55) geht (53) über in

$$(56) \qquad \mathfrak{r} = \mathfrak{i}_1\, a \cos\left(\frac{s}{a}\cos\alpha\right) + \mathfrak{i}_2\, a \sin\left(\frac{s}{a}\cos\alpha\right) + \mathfrak{i}_3\, s \sin\alpha .$$

Hieraus folgt auf Grund der allgemeinen Formeln von Ziffer 1

$$(57) \qquad \mathfrak{t} = \frac{d\mathfrak{r}}{ds} = -\,\mathfrak{i}_1 \cos\alpha \sin\left(\frac{s}{a}\cos\alpha\right) + \mathfrak{i}_2 \cos\alpha \cos\left(\frac{s}{a}\cos\alpha\right) + \mathfrak{i}_3 \sin\alpha ;$$

$$(58) \qquad \frac{d\mathfrak{t}}{ds} = \mathfrak{n}\,\varkappa = -\,\mathfrak{i}_1 \frac{\cos^2\alpha}{a}\cos\left(\frac{s}{a}\cos\alpha\right) - \mathfrak{i}_2 \frac{\cos^2\alpha}{a}\sin\left(\frac{s}{a}\cos\alpha\right) ;$$

$$(59) \qquad \mathfrak{n} = -\,\mathfrak{i}_1 \cos\left(\frac{s}{a}\cos\alpha\right) - \mathfrak{i}_2 \sin\left(\frac{s}{a}\cos\alpha\right) ; \qquad \varkappa = \left|\frac{d\mathfrak{t}}{ds}\right| = \frac{\cos^2\alpha}{a} ;$$

$$(60) \qquad \mathfrak{b} = \mathfrak{t}\times\mathfrak{n} = \mathfrak{i}_1 \sin\alpha \sin\left(\frac{s}{a}\cos\alpha\right) - \mathfrak{i}_2 \sin\alpha \cos\left(\frac{s}{a}\cos\alpha\right) + \mathfrak{i}_3 \cos\alpha ;$$

$$(61) \qquad \begin{cases} \dfrac{d\mathfrak{b}}{ds} = \mathfrak{n}\,\tau \quad \text{oder} \quad \mathfrak{i}_1 \dfrac{\sin\alpha\cos\alpha}{a}\cos\left(\dfrac{s}{a}\cos\alpha\right) + \mathfrak{i}_2 \dfrac{\sin\alpha\cos\alpha}{a}\sin\left(\dfrac{s}{a}\cos\alpha\right) = \\[2mm] = \left[-\,\mathfrak{i}_1 \cos\left(\dfrac{s}{a}\cos\alpha\right) - \mathfrak{i}_2 \sin\left(\dfrac{s}{a}\cos\alpha\right)\right]\tau ; \quad \text{daraus} \quad \tau = -\,\dfrac{\sin\alpha\cos\alpha}{a} . \end{cases}$$

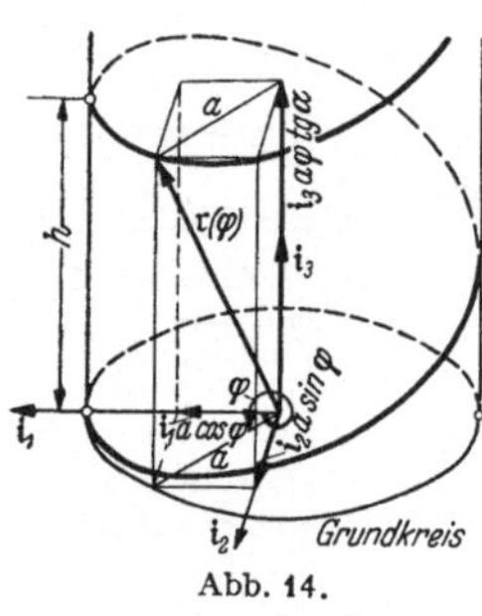

Abb. 14.

Nach (59) und (61) sind Krümmung und Windung bei der Schraubenlinie überall gleich groß. Ist τ negativ und dementsprechend α positiv, so spricht man von einer Rechtsschraube, im umgekehrten Falle von einer Linksschraube. Weiterhin erhält man

$$(62) \qquad v = \frac{ds}{dt} = \frac{a}{\cos\alpha}\frac{d\varphi}{dt} = \frac{a\,\omega}{\cos\alpha} ;$$

$$(63) \qquad p_t = dv/dt = a\,\dot\omega\,/\cos\alpha ; \qquad p_n = \varkappa v^2 = a\,\omega^2 ,$$

und damit für Geschwindigkeit und Beschleunigung

$$(64) \qquad \mathfrak{v} = \mathfrak{t}\,v = -\,\mathfrak{i}_1\, a\,\omega \sin\varphi + \mathfrak{i}_2\, a\,\omega\cos\varphi + \mathfrak{i}_3\, a\,\omega \operatorname{tang}\alpha .$$

$$(65) \qquad \begin{cases} \mathfrak{p} = \mathfrak{t}\,p_t + \mathfrak{n}\,p_n = -\,\mathfrak{i}_1 a\,(\dot\omega \sin\varphi + \omega^2 \cos\varphi) + \\[1mm] \quad + \mathfrak{i}_2 a\,(\dot\omega \cos\varphi - \omega^2 \sin\varphi) + \mathfrak{i}_3 a\,\dot\omega \operatorname{tang}\alpha. \end{cases}$$

B. Körperbewegung.

1. Drehung, Verschiebung und Schraubung.

Die Bewegung eines Körpers um eine in Ruhe verbleibende gerade Linie wird als Drehung bezeichnet. Wird die Lage eines Körperteilchens durch seinen Orts-

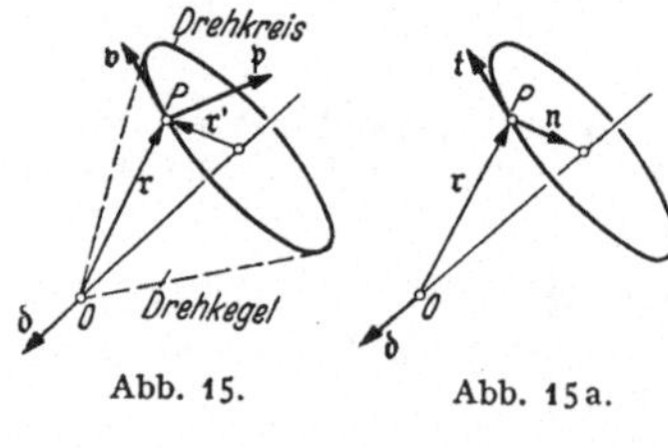

Abb. 15.   Abb. 15a.

vektor $\mathfrak{r}$ in bezug auf einen Punkt 0 der Drehachse festgelegt (Abb. 15), so beschreibt $\mathfrak{r}$ bei der Drehung einen Kegel und das Körperteilchen einen Kreis. Erfolgt die Drehung mit der Winkelgeschwindigkeit ω und wird die Lage der Drehachse sowie die Drehrichtung durch den Einheitsvektor $\mathfrak{d}$ gekennzeichnet, so folgen Geschwindigkeit und Beschleunigung des betrachteten Körperteilchens zu

$$(66) \qquad \begin{cases} \mathfrak{v} = d\mathfrak{r}/dt = \omega\,\mathfrak{d}\times\mathfrak{r} \quad \text{(Drehung)}; \\[1mm] \mathfrak{p} = d\mathfrak{v}/dt = \dot\omega\,\mathfrak{d}\times\mathfrak{r} + \omega\,\mathfrak{d}\times\mathfrak{v} = \dot\omega\,\mathfrak{d}\times\mathfrak{r} + \omega^2\,\mathfrak{d}\times(\mathfrak{d}\times\mathfrak{r}). \end{cases}$$

Wird der Radius des Drehkreises mit r' bezeichnet, so folgt (Abb. 15a)

$$(67) \qquad \mathfrak{d}\times\mathfrak{r} = \mathfrak{t}\,r' ; \quad \mathfrak{d}\times(\mathfrak{d}\times\mathfrak{r}) = \mathfrak{n}\,r'$$

und damit

$$(68) \qquad \mathfrak{v} = \mathfrak{t}\,\omega\,r' ; \quad \mathfrak{p} = \mathfrak{t}\,\dot\omega\,r' + \mathfrak{n}\,\omega^2 r' \quad \text{(Drehung)},$$

womit der Zusammenhang mit A, 6 unmittelbar hergestellt ist.

Rückt die Drehachse in unendliche Ferne, so erfahren alle Körperteilchen die gleiche Bewegung und man spricht von einer reinen Verschiebung. Diese kann durch die Gleichungen

$$(69) \quad \mathfrak{v} = \mathfrak{v}^*; \quad \mathfrak{p} = \mathfrak{p}^* = d\,\mathfrak{v}^*/dt \quad \text{(Verschiebung)}$$

gekennzeichnet werden.

Bei gleichzeitiger Drehung und Verschiebung ergibt sich

$$(70) \quad \begin{cases} \mathfrak{v} = \mathfrak{v}^* + \omega\,\mathfrak{d} \times \mathfrak{r}; \\ \mathfrak{p} = d\,\mathfrak{v}^*/dt + \dot\omega\,\mathfrak{d} \times \mathfrak{r} + \omega^2\,\mathfrak{d} \times (\mathfrak{d} \times \mathfrak{r}) \\ \text{(Drehung und Verschiebung)}. \end{cases}$$

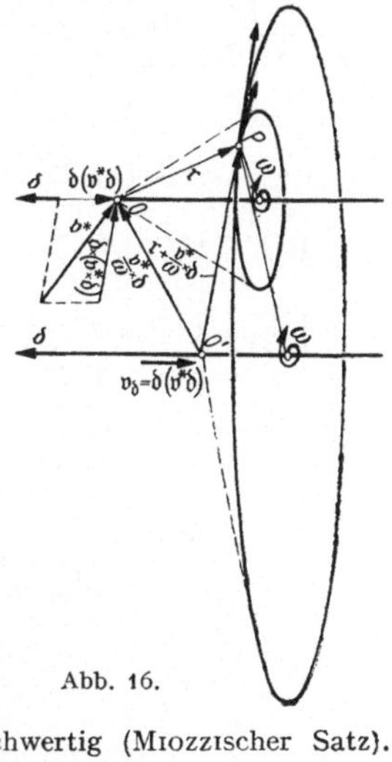

Zerlegt man $\mathfrak{v}^*$ in Komponenten parallel und senkrecht zu $\mathfrak{d}$, so folgt

$$\mathfrak{v}^* = \mathfrak{d}\,(\mathfrak{d}\mathfrak{v}^*) + \mathfrak{d} \times (\mathfrak{v}^* \times \mathfrak{d}),$$

und damit

$$(71) \quad \mathfrak{v} = \mathfrak{d}\,(\mathfrak{d}\mathfrak{v}^*) + \omega\,\mathfrak{d} \times \left[\mathfrak{r} + \frac{\mathfrak{v}^*}{\omega} \times \mathfrak{d}\right].$$

Das erste Glied in (71) ist eine reine Verschiebung in Richtung von $\mathfrak{d}$, das zweite eine Drehung um eine zu $\mathfrak{d}$ parallele und um $\mathfrak{v}^*/_\omega \times \mathfrak{d}$ verschobene Drehachse (Abb. 16). Die gleichzeitige Drehung und

Abb. 16.

Verschiebung ist hiernach einer Schraubung gleichwertig (MIOZZIscher Satz).

2. Allgemeine Körperbewegung.

Bei der allgemeinen Körperbewegung (z. B. Flugzeug), bei welcher die Richtung von $\mathfrak{v}^*$ und $\mathfrak{d}$ in jedem Augenblick eine andere ist, kann nach dem MIOZZIschen Satze die Bewegung so aufgespalten werden, daß die Drehachse immer durch ein und denselben Körperpunkt (z. B. Schwerpunkt) hindurchgeht.

Bezeichnet im fest gedachten Raume $\mathfrak{r}_M$ den Ortsvektor dieses ausgezeichneten Punktes, $\mathfrak{r}$ den Ortsvektor eines beliebigen Punktes und $\bar{\mathfrak{r}}$ den Differenzvektor $\mathfrak{r} - \mathfrak{r}_M$, so folgt (Abb. 17)

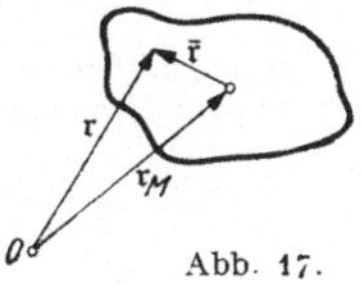

Abb. 17.

$$(72) \quad \mathfrak{r} = \mathfrak{r}_M + \bar{\mathfrak{r}};$$

$$(73) \quad \mathfrak{v} = d\mathfrak{r}_M/dt + d\bar{\mathfrak{r}}/dt = \mathfrak{v}_M + \omega\,\mathfrak{d} \times \bar{\mathfrak{r}};$$

$$(74) \quad \mathfrak{p} = \frac{d\,\mathfrak{v}_M}{dt} + \frac{d(\omega\,\mathfrak{d} \times \ )}{dt} = \mathfrak{p}_M + \dot\omega\,\mathfrak{d} \times \bar{\mathfrak{r}} + \omega^2\,\mathfrak{d} \times (\mathfrak{d} \times \mathfrak{r}) + \omega\,\frac{d\,\mathfrak{d}}{dt} \times \mathfrak{r}.$$

In (73) und (74) sind $\mathfrak{v}_M$ und $\mathfrak{p}_M$ Geschwindigkeit und Beschleunigung auf der Bahnkurve des ausgezeichneten Körperpunktes. $\omega\,\mathfrak{d} \times \bar{\mathfrak{r}}$ bzw. $\dot\omega\,\mathfrak{d} \times \bar{\mathfrak{r}}$ stellen nach (67) und (68) die Geschwindigkeit bzw. Tangentialbeschleunigung und $\omega^2\,\mathfrak{d} \times (\mathfrak{d} \times \bar{\mathfrak{r}})$ die Normalbeschleunigung für die augenblickliche Kreisbahn der Drehbewegung dar. $\omega\,\frac{d\,\mathfrak{d}}{dt} \times \bar{\mathfrak{r}}$ kennzeichnet den Einfluß der ständigen Lageänderung der Drehachse.

3. Relativbewegung.

Das bisher betrachtete Körperelement sei nun nicht mehr fest mit dem Körper verbunden, sondern bewege sich gegen diesen. Im übrigen möge es aber alle Bewegungen des Körpers mitmachen. Eine solche Bewegung wird als Relativbewegung bezeichnet (z. B. Bewegung der Laufräder eines Fahrzeuges oder des Kurbeltriebes eines Flugzeugmotors).

Wird die Relativbewegung gegen $\mathfrak{r}$ durch angehängte Striche gekennzeichnet (Abb. 18), so folgt für den relativ bewegten Körperteil

$$(75) \qquad \mathfrak{r} = \mathfrak{r}_M + \bar{\mathfrak{r}} + \mathfrak{r}';$$

$$\mathfrak{v} = d\mathfrak{r}_M/dt + d(\bar{\mathfrak{r}} + \mathfrak{r}')/dt = \mathfrak{v}_M + \omega\,\mathfrak{d}\times(\bar{\mathfrak{r}} + \mathfrak{r}') + \mathfrak{v}';$$

$$(76) \quad \left\{ \begin{aligned} \mathfrak{p} &= \frac{d\,\mathfrak{v}_M}{dt} + \frac{d[\omega\,\mathfrak{d}\times(\bar{\mathfrak{r}}+\mathfrak{r}')]}{dt} + \frac{d\,\mathfrak{v}'}{dt} = \mathfrak{p}_M + \left[\dot{\omega}\,\mathfrak{d}\times(\bar{\mathfrak{r}}+\mathfrak{r}') + \right. \\ &\quad \left. + \omega^2\,\mathfrak{d}\times[\mathfrak{d}\times(\bar{\mathfrak{r}}+\mathfrak{r}')] + \omega\,\mathfrak{d}\times\mathfrak{v}' + \omega\frac{d\,\mathfrak{d}}{dt}\times(\bar{\mathfrak{r}}+\mathfrak{r}') \right] + [\omega\,\mathfrak{d}\times\mathfrak{v}'+\mathfrak{p}'] . \end{aligned} \right.$$

Mit den abkürzenden Bezeichnungen

$$(77) \quad \left\{ \begin{aligned} \mathfrak{p}_F &= \mathfrak{p}_M + \dot{\omega}\,\mathfrak{d}\times(\bar{\mathfrak{r}}+\mathfrak{r}') + \omega^2\,\mathfrak{d}\times[\mathfrak{d}\times(\bar{\mathfrak{r}}+\mathfrak{r}')] + \omega\frac{d\,\mathfrak{d}}{dt}\times(\bar{\mathfrak{r}}+\mathfrak{r}') \\ &\qquad\qquad\qquad\qquad\qquad\qquad\qquad\qquad\text{(Führungsbeschleunigung)} \\ \mathfrak{p}_C &= 2\,\omega\,\mathfrak{d}\times\mathfrak{v}' \quad \text{(Coriolisbeschleunigung)} \\ \mathfrak{p}_R &= \mathfrak{p}' = d^2\mathfrak{r}'/dt^2 \quad \text{(Relativbeschleunigung)} \end{aligned} \right.$$

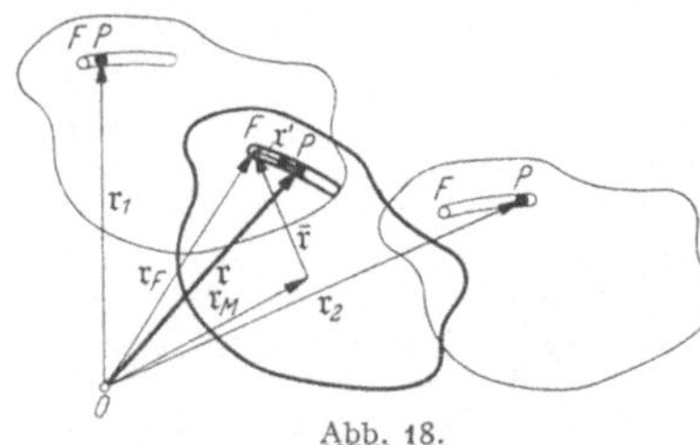

Abb. 18.

ergibt sich

$$(78) \qquad \mathfrak{p} = \mathfrak{p}_F + \mathfrak{p}_C + \mathfrak{p}_R.$$

Während nach (76) die Geschwindigkeiten aus Führungsbewegung und Relativbewegung sich einfach überlagern, tritt bei den Beschleunigungen noch ein durch die gegenseitige Beeinflussung hervorgerufener Vektor in Gestalt der Coriolisbeschleunigung hinzu.

Um ein Beispiel anzuschließen, sei ein Fahrzeug betrachtet, das mit einer Stundengeschwindigkeit von 100 km durch eine Kurve von 500 m Halbmesser fährt. Hieraus folgt zunächst eine Fahrzeuggeschwindigkeit

$$v_M = 100\,000/3600 = 27{,}7 \text{ msec}^{-1}$$

und eine Winkelgeschwindigkeit

$$\omega = v_M/R = 27{,}7/500 = 0{,}0554 \text{ sec}^{-1}.$$

Wird die Untersuchung auf die in erster Linie ausschlaggebenden Laufradkränze beschränkt, so ist deren Relativgeschwindigkeit gemäß Abb. 19 gerichtet und überall

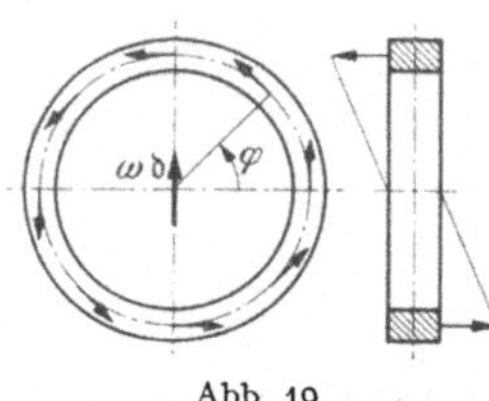

Abb. 19

$$|\mathfrak{v}'| = v_M \frac{r_m}{r_a} = \sim 0{,}9\,v_M = 25 \text{ msec}^{-1}.$$

Liegt beispielsweise eine Linkskurve vor, so zeigt der zu ω gehörige $\mathfrak{d}$-Vektor senkrecht nach oben. Man erhält daher Coriolisbeschleunigungen

$$|\mathfrak{p}_C| = 2\cdot 0{,}0554\cdot 25 \sin\varphi = 2{,}77 \sin\varphi \text{ msec}^{-2},$$

die für die Laufradteile oberhalb der Welle nach außen, für diejenigen unterhalb nach innen gerichtet sind (Abb. 19). Die durch die Coriolisbeschleunigungen bedingte Kraftwirkung stellt daher ein Kräftepaar dar, das durch Vertikalkräfte in den Laufradebenen von der Unterlage auf das Fahrzeug übertragen wird. Die vom Fahrzeug ausgeübte Gegenwirkung wirkt im gleichen Sinne auf Kippen wie die Zentrifugalkraft.

4. Ebene Scheiben und kinematische Ketten.

Die Bewegung einer ebenen Scheibe liegt vollständig fest, wenn die Bewegung für zwei Punkte der Scheibe gegeben ist; die Scheibe heißt in diesem Falle zwangläufig geführt. Die Bewegung der Pleuelstange eines Kurbeltriebes (Abb. 20) liegt z. B. mit der Bewegung des Kurbelzapfens (A) und der Führungsrichtung des Kreuzkopfes (B) vollständig fest.

Ist in zwei Punkten A und B der Scheibe die Richtung der Geschwindigkeit bekannt, so liegt der augenblickliche Drehpunkt 0 im Schnittpunkt der beiden Lote auf v_A bzw. v_B durch A bzw. B (Abb. 21). Die Geschwindigkeit irgendeines Punktes C der Scheibe ergibt sich dann durch Multiplikation der Winkelgeschwindigkeit ω mit dem Abstand r_C vom augenblicklichen Drehpunkt, wobei die Richtung senkrecht zu r_C zu nehmen ist. Kennt man in einem der beiden Ausgangspunkte, z. B. A, neben der Richtung auch noch die Größe der Geschwindigkeit, so folgt ω zu v_A/r_A.

Die Laufrolle von Abb. 22 möge sich beispielsweise, ohne zu gleiten, auf ihrer Bahn abwälzen. Dann ist der augenblickliche Drehpunkt der Berührungspunkt 0 mit der Rollbahn. Bewegt sich das mit der Rolle verbundene Fahrzeug mit der Geschwindigkeit v, so ist $v_M = v$ und demgemäß $\omega = v/r_M$. Damit liegt die Geschwindigkeit sämtlicher Punkte der Laufrolle fest.

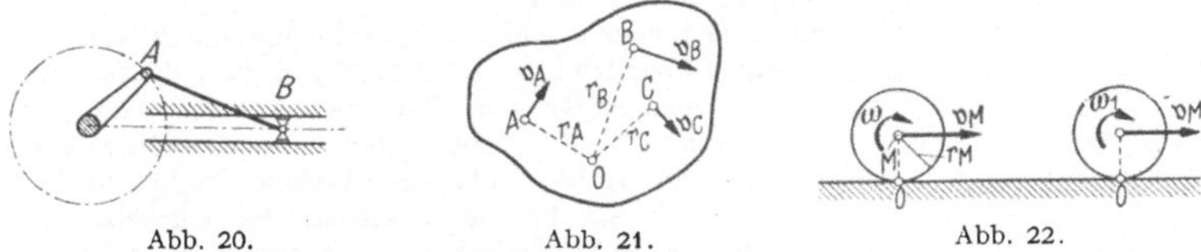

<table>
<tr><td>Abb. 20.</td><td>Abb. 21.</td><td>Abb. 22.</td></tr>
</table>

Als weiteres Beispiel sei das Gelenkviereck von Abb. 23 angeführt. Da die beiden Randstäbe sich auf Kreisbahnen um ihre Festpunkte A und D bewegen, liegt der augenblickliche Drehpunkt des Verbindungsstabes B—C immer im Schnittpunkt der Verlängerungen der Randstäbe. Bewegt sich der Randstab A—B

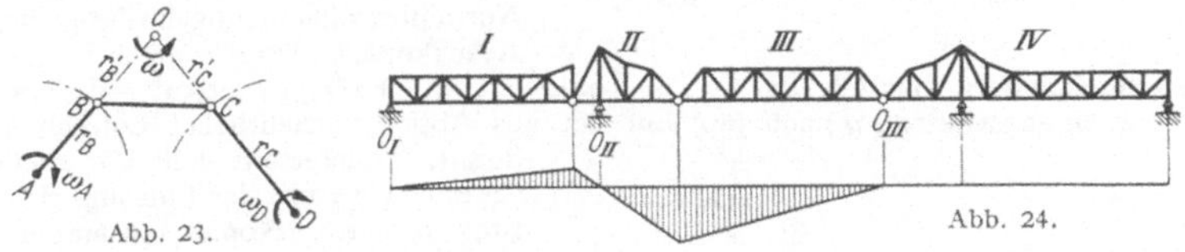

<table>
<tr><td>Abb. 23.</td><td>Abb. 24.</td></tr>
</table>

mit der Winkelgeschwindigkeit ω_A, so ist $v_B = \omega_A\, r_B$. Damit folgt für die Winkelgeschwindigkeit ω des Verbindungsstabes $\omega = \dfrac{v_B}{r'_B} = \omega_A\, \dfrac{r_B}{r'_B}$. Hieraus ergibt sich weiter $v_C = \omega\, r'_C = \omega_A\, \dfrac{r_B\, r'_C}{r'_B}$ und damit $\omega_D = \dfrac{v_C}{r_C} = \dfrac{r_B\, r'_C}{r'_B\, r_C}$. Mit den Drehpunkten bzw. augenblicklichen Drehpunkten A, 0 und D und den zugehörigen Winkelgeschwindigkeiten ω_A, ω und ω_D ist der Geschwindigkeitszustand des Gelenkviereckes vollständig bekannt.

In ähnlich stufenweiser Behandlung lassen sich auch die Geschwindigkeitsverhältnisse in kinematischen Ketten klären. Abb. 24 zeigt z. B. eine vierscheibige kinematische Fachwerkkette in gestreckter Lage. Aus der Tatsache, daß der Untergurt von Scheibe I bei der Drehung um das feste Auflager nur senkrechte Bewegungen ausführen kann, folgt unmittelbar, daß für die Untergurte aller übrigen Scheiben auch nur senkrechte Bewegungen denkbar sind. Dies hat wiederum zur Folge, daß die augenblicklichen Drehpunkte mit den waagerecht verschieblichen Auflagern zusammenfallen müssen. Da sich für die Scheibe IV hierbei zwei Drehpunkte ergeben würden, muß diese in Ruhe bleiben; der augenblickliche Drehpunkt der Scheibe III fällt in den Anschlußgelenkpunkt an Scheibe IV. Ist die Winkelgeschwindigkeit von Scheibe I gegeben und gleich ω, so folgen die Winkelgeschwindigkeiten der übrigen Scheiben aus der Gleichheit der Geschwindigkeiten in den Anschlußgelenkpunkten. Die so sich z. B. längs des Untergurtes ergebende Geschwindigkeitsverteilung ist aus Abb. 24 ersichtlich.

Zur Darstellung des Beschleunigungszustandes einer ebenen Scheibe stehen ähnlich einfache Verfahren zur Verfügung wie im Falle des Geschwindigkeitszustandes. Ist der letztere bekannt und die Beschleunigung in irgendeinem

Punkte A der Scheibe gegeben (Abb. 25), so ergibt sich die Beschleunigung in irgendeinem anderen Punkte B der Scheibe mit Hilfe der Relativbeschleunigung $\mathfrak{p}_{BA}$ zu

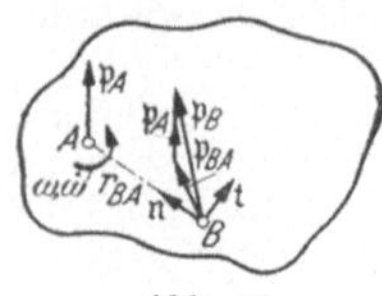

$$(79) \qquad \mathfrak{p}_B = \mathfrak{p}_A + \mathfrak{p}_{BA}.$$

Sind ω und $\dot\omega$ Winkelgeschwindigkeit und Winkelbeschleunigung der Scheibe, so folgt

$$(80) \qquad \mathfrak{p}_B = \mathfrak{p}_A + \mathfrak{t}\,\dot\omega\,r_{BA} + \mathfrak{n}\,\omega^2\,r_{BA},$$

Abb. 25.

wobei $\mathfrak{t}$ und $\mathfrak{n}$ Tangenten- und Normalvektor der Drehbewegung um A sind.

Mit Hilfe von (80) kann in fast allen Fällen der Beschleunigungszustand ermittelt werden. Liegt z. B. ein Kurbeltrieb vor (Abb. 26), dessen Kurbel mit gleichbleibender Winkelgeschwindigkeit ω_0 umläuft, so erhält der Kurbelzapfen eine Beschleunigung $p_A = \omega_0^2\,r_A$, die stets zum Wellenmittelpunkt hingerichtet ist. Aus der Kreisbahn des Kurbelzapfens und der Führungsbahn des Kreuzkopfes folgt der augenblickliche Drehpol der Pleuelstange und aus der gemeinsamen Geschwindigkeit $v_A = \omega_0\,r_A$ des Kurbelzapfens die Winkelgeschwindigkeit

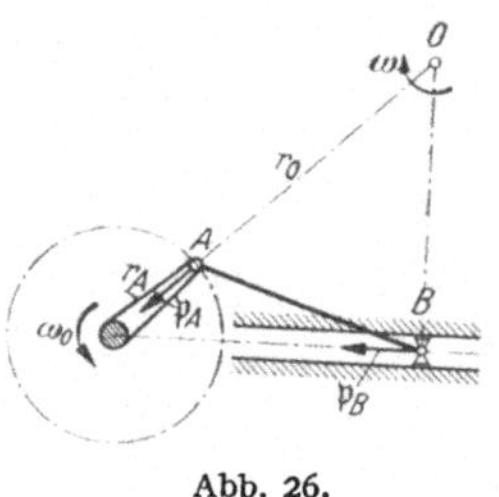

Abb. 26.

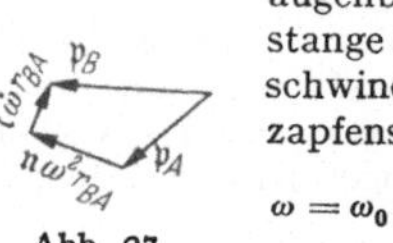

Abb. 27.

$$\omega = \omega_0\,\frac{r_A}{r_0}$$ und damit die relative Normalbeschleunigung $\mathfrak{n}\,\omega^2\,r_{BA}$ des Kreuzkopfes. Trägt man diese und $\mathfrak{p}_A$ aneinander, so muß, da $\mathfrak{t}\,\dot\omega\,r_{BA}$ senkrecht zu $\mathfrak{n}\,\omega^2 r_{BA}$ verläuft, der Beschleunigungsvektor $\mathfrak{p}_B$ nach (80) auf der aus Abb. 27 ersichtlichen Lotrechten liegen. Andererseits fällt die Richtung von $\mathfrak{p}_B$ mit der Führungsrichtung des Kreuzkopfes zusammen. Trägt man diese im Ursprung des Vektorzuges an, so liefert der Schnitt mit der vorher gezeichneten Lotrechten die gesuchte Kreuzkopfbeschleunigung.

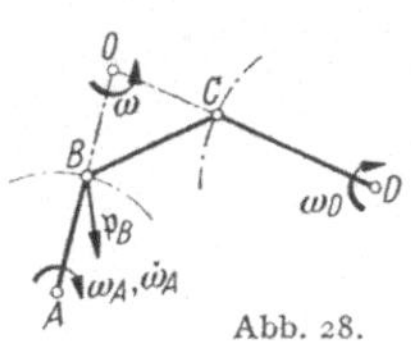

Abb. 28.

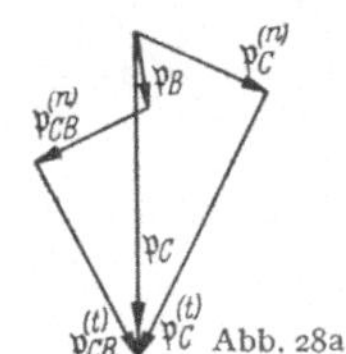

Abb. 28a.

In grundsätzlich ähnlicher Weise gelangt man auch zur Darstellung der Beschleunigungen des Gelenkvierecks bzw. der Kurbelschleife (Abb. 28). Liegen kinematische Ketten mit mehr als drei Gliedern vor, so läßt sich der Beschleunigungszustand durch stufenweises Fortschreiten vom einen Gelenkpunkt zum anderen ermitteln.

II. Kräftelehre (Dynamik).

A. Dynamik der Punktbewegung.

1. Kraft und Beschleunigung.

Bewegt sich ein Massenpunkt unter alleiniger Wirkung einer Kraft $\mathfrak{P}$, so zeigt die Erfahrung Proportionalität zwischen Kraft und Beschleunigung

$$(1) \qquad \mathfrak{P} = m\mathfrak{p} \quad \text{(dynamisches Grundgesetz von NEWTON).}$$

Der Proportionalitätsfaktor m, der die Masse heißt, läßt sich am einfachsten über die Schwerkraft, d. h. über das Gewicht messen.

$$(2) \qquad \mathfrak{G} = m\mathfrak{g}; \quad G = mg; \quad m = G/g.$$

G wird gewöhnlich in kg oder t eingesetzt, während für g der Durchschnittswert von 9,81 msec^{-2} zugrunde gelegt wird. Durch Einführen von (2) in (1) folgt

$$(3) \qquad \mathfrak{P} = \frac{G}{g}\,\mathfrak{p}; \quad \frac{\mathfrak{P}}{\mathfrak{p}} = \frac{\mathfrak{G}}{\mathfrak{g}} = \frac{G}{g}.$$

Wirken auf den betrachteten Massenpunkt mehrere Kräfte ein, z. B. die Antriebskraft $\mathfrak{A}$, die Schwere $\mathfrak{G}$ und der Widerstand $\mathfrak{W}$ (Abb. 29), so ergibt sich $\mathfrak{P}$ durch geometrische Aneinanderreihung dieser Kräfte gemäß

$$(4) \qquad \mathfrak{P} = \mathfrak{A} + \mathfrak{G} + \mathfrak{W} + \cdots$$

und heißt dann die resultierende Kraftwirkung.

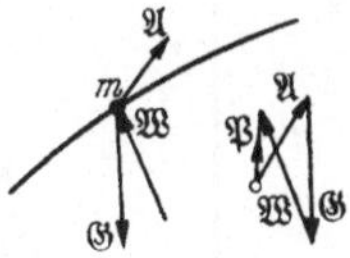

Dividiert man (4) auf beiden Seiten durch die Masse m, so folgt für die den Kräften entsprechenden Beschleunigungen

$$(5) \qquad \mathfrak{p} = \mathfrak{a} + \mathfrak{g} + \mathfrak{w} + \cdots$$

Abb. 29.

Werden (4) und (5) mit (1) und (2) verbunden, ergibt sich

$$(6) \qquad \mathfrak{P} = \mathfrak{A} + \mathfrak{G} + \mathfrak{W} + \cdots = m\mathfrak{a} + m\mathfrak{g} + m\mathfrak{w} + \cdots = m\mathfrak{p}; \quad m = G/g.$$

2. Mechanische Arbeit, Energiesatz, Leistung.

Betrachtet man die Bewegung eines Massenpunktes zwischen zwei durch die Ortsvektoren $\mathfrak{r}_1$ und $\mathfrak{r}_2$ gekennzeichneten Standorten (Abb. 30) und eine auf den Massenpunkt wirkende Teilkraft $\mathfrak{Z}$, so wird das Integral

$$A = \int_{\mathfrak{r}_1}^{\mathfrak{r}_2} \mathfrak{Z} \, d\mathfrak{r}$$

als die von $\mathfrak{Z}$ geleistete „mechanische Arbeit" bezeichnet. Wirken mehrere Kräfte auf den Massenpunkt wie $\mathfrak{A}$, $\mathfrak{G}$, $\mathfrak{W}$, so ist die insgesamt geleistete Arbeit

$$(7) \quad \int_{\mathfrak{r}_1}^{\mathfrak{r}_2} \mathfrak{P} \, d\mathfrak{r} = \int_{\mathfrak{r}_1}^{\mathfrak{r}_2} \mathfrak{A} \, d\mathfrak{r} + \int_{\mathfrak{r}_1}^{\mathfrak{r}_2} \mathfrak{G} \, d\mathfrak{r} + \int_{\mathfrak{r}_1}^{\mathfrak{r}_2} \mathfrak{W} \, d\mathfrak{r} + \cdots$$

Man bezeichnet insbesondere

$$A_{\mathfrak{A}} = \int_{\mathfrak{r}_1}^{\mathfrak{r}_2} \mathfrak{A} \, d\mathfrak{r} = \text{zugeführte Arbeit}$$

$$A_{\mathfrak{G}} = \int_{\mathfrak{r}_1}^{\mathfrak{r}_2} \mathfrak{G} \, d\mathfrak{r} = \text{Arbeit der Schwere oder Änderung der potentiellen Energie}$$

$$A_{\mathfrak{W}} = \int_{\mathfrak{r}_1}^{\mathfrak{r}_2} \mathfrak{W} \, d\mathfrak{r} = \text{Reibungs- oder Verlustarbeit.}$$

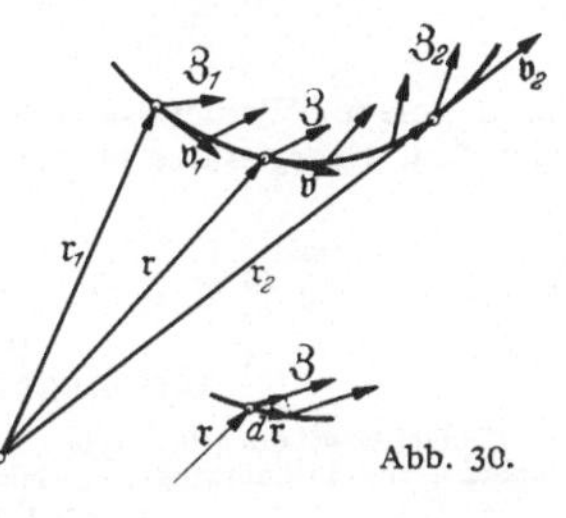

Abb. 30.

Fällt $A_{\mathfrak{A}}$ negativ aus, so ist keine Arbeit zugeführt, sondern es ist Arbeit abgezogen. $A_{\mathfrak{G}}$ ist bei Abwärtsbewegung positiv, bei Aufwärtsbewegung negativ; im ersteren Falle wird die potentielle oder Lageenergie vermindert, im letzteren erhöht. $A_{\mathfrak{W}}$ ist stets negativ, da die Reibung immer der Bewegung entgegenwirkt.

Die der resultierenden Kraftwirkung entsprechende Arbeit $A_{\mathfrak{P}}$ läßt sich noch umschreiben, wenn $\mathfrak{P}$ und $d\mathfrak{r}$ gemäß

$$\mathfrak{P} = m\mathfrak{p} = m \frac{d\mathfrak{v}}{dt} \quad \text{und} \quad d\mathfrak{r} = \frac{d\mathfrak{r}}{dt} \, dt = \mathfrak{v} \, dt$$

eingesetzt werden. Man erhält

$$(8) \quad A_{\mathfrak{P}} = \int_{\mathfrak{r}_1}^{\mathfrak{r}_2} \mathfrak{P} \, d\mathfrak{r} = \int_{t_1}^{t_2} m \frac{d\mathfrak{v}}{dt} \, \mathfrak{v} \, dt = \int_{t_1}^{t_2} m\mathfrak{v} \frac{d\mathfrak{v}}{dt} \, dt = m \int_{\mathfrak{v}_1}^{\mathfrak{v}_2} \mathfrak{v} \, d\mathfrak{v} = \frac{m}{2} v_2^2 - \frac{m}{2} v_1^2.$$

Die Größe $\frac{m}{2} v^2$ wird als Wucht oder kinetische Energie bezeichnet. $A_{\mathfrak{P}}$ stellt somit die Zunahme an kinetischer Energie oder die in Geschwindigkeit umgesetzte Arbeit dar. Mit (8) geht (7) in den sog. Wucht- oder Energiesatz über,

$$(9) \quad \frac{m}{2} v_2^2 - \frac{m}{2} v_1^2 = \int_{\mathfrak{r}_1}^{\mathfrak{r}_2} \mathfrak{A} \, d\mathfrak{r} + \int_{\mathfrak{r}_1}^{\mathfrak{r}_2} \mathfrak{G} \, d\mathfrak{r} + \int_{\mathfrak{r}_1}^{\mathfrak{r}_2} \mathfrak{W} \, d\mathfrak{r} + \cdots \text{(Energiesatz)}.$$

Wird (9) auf ein rechtwinkliges Bezugssystem i_1x, i_2y, i_3z umgeschrieben (Abb. 31), so ergibt sich, wenn die i_3-Richtung entgegengesetzt der Schwere gelegt wird,

$$(10) \quad \begin{cases} \dfrac{m}{2}v_2^2 - \dfrac{m}{2}v_1^2 = \displaystyle\int_{x_1}^{x_2}(A_x + W_x + \ldots)\,dx + \int_{y_1}^{y_2}(A_y + W_y + \ldots)\,dy + \\[2mm] + \displaystyle\int_{z_1}^{z_2}(A_z + G + W_z + \ldots)\,dz = \int_{x_1}^{x_2}P_x\,dx + \int_{y_1}^{y_2}P_y\,dy + \int_{z_1}^{z_2}P_z\,dz. \end{cases}$$

Die mechanische Bedeutung des Energiesatzes liegt in der Möglichkeit, die Geschwindigkeit unmittelbar durch Quadraturen über den Projektionen der Bahnkurve bestimmen zu können (Abb. 31). Diese Möglichkeit läßt sich immer dort ausnutzen, wo die Bahnkurve vorgegeben ist, d. h. bei Führungsbewegungen.

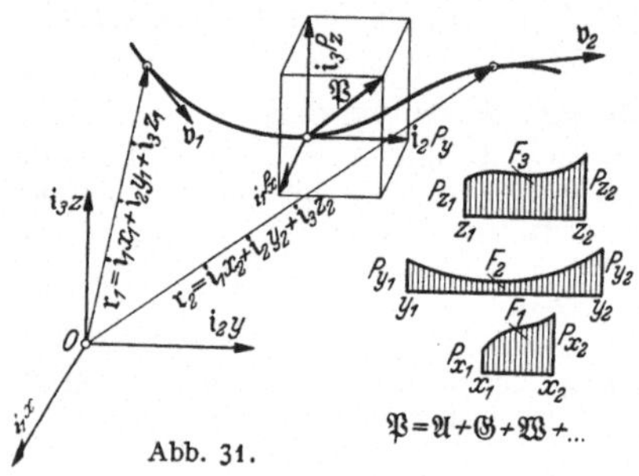

Abb. 31.

Die auf die Zeiteinheit bezogene mechanische Arbeit heißt Leistung. Dieser Begriff ist neben seiner maschinentechnischen Bedeutung insbesondere dort von Wichtigkeit, wo es sich um stationäre Bewegungserscheinungen handelt, wie bei der Strömung von Flüssigkeiten und Gasen. Hierbei sind Massen und Kräfte auf die Zeiteinheit (Sekunde) zu beziehen. Werden sie demgemäß mit dem Index s versehen, so lautet der hier dem Energiesatze entsprechende Leistungssatz

$$(11) \quad \frac{m_s}{2}v_2^2 - \frac{m_s}{2}v_1^2 = \int_{\mathfrak{r}_1}^{\mathfrak{r}_2}\mathfrak{A}_s\,d\mathfrak{r} + \int_{\mathfrak{r}_1}^{\mathfrak{r}_2}\mathfrak{G}_s\,d\mathfrak{r} + \int_{\mathfrak{r}_1}^{\mathfrak{r}_2}\mathfrak{W}_s\,d\mathfrak{r} + \cdots$$

(Leistungssatz bei stationärer Bewegung).

Einige Anwendungsbeispiele mögen nun noch die Nützlichkeit des Energiesatzes erläutern. Zunächst sei ein Fahrzeug vom Gewichte G betrachtet, das sich auf einer schrägen Straße (Steigungswinkel α) mit der Geschwindigkeit v abwärts bewegt, und nach der Wegstrecke s gefragt, auf der das Fahrzeug zum Stehen kommen wird, wenn mit der vollen zur Verfügung stehenden Bremskraft B gebremst und die Reibung durch einen gleichbleibenden Beiwert μ berücksichtigt wird.

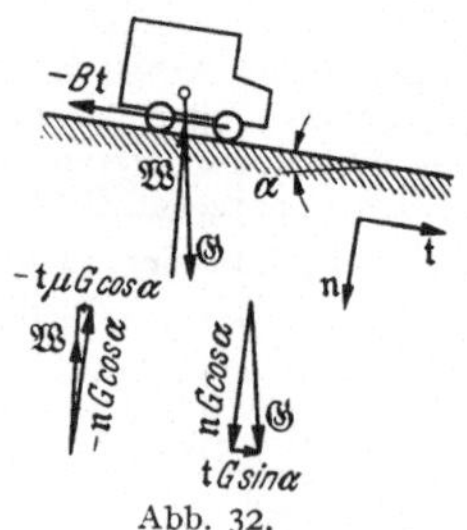

Abb. 32.

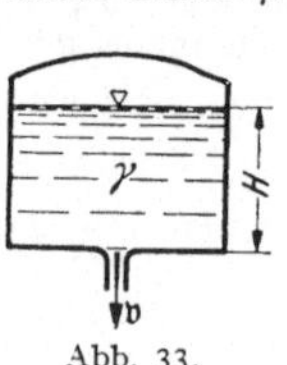

Abb. 33.

Auf das Fahrzeug wirken gemäß Abb. 32 die Antriebskraft $\mathfrak{A} = -Bt$, das Gewicht $\mathfrak{G} = tG\sin\alpha + \mathfrak{n}G\cos\alpha$ und der Widerstand $\mathfrak{W} = -t\mu G\cos\alpha - \mathfrak{n}G\cos\alpha$. Mit $d\mathfrak{r} = t\,ds$ folgt

$$\mathfrak{A}\,d\mathfrak{r} = -B\,ds; \quad \mathfrak{G}\,d\mathfrak{r} = G\sin\alpha\,ds;$$
$$\mathfrak{W}\,d\mathfrak{r} = -\mu G\cos\alpha\,ds.$$

Werden diese Ausdrücke in (10) eingeführt und $v_2 = 0$, $v_1 = v$, $m = G/g$ gesetzt, so ergibt sich

$$-\frac{G}{2g}v^2 = \int_0^s(-B + G\sin\alpha - \mu G\cos\alpha)\,ds = -(B + \mu G\cos\alpha - G\sin\alpha)\,s.$$

Die Auflösung nach s liefert

$$s = \frac{v^2/2g}{\dfrac{B}{G} + \mu\cos\alpha - \sin\alpha}.$$

Weiterhin sei ein Behälter betrachtet, der bis zu einer Höhe H mit Flüssigkeit gefüllt ist. Mit welcher Geschwindigkeit wird die Flüssigkeit bei Öffnen des Bodenauslasses austreten (Abb. 33)?

Entsprechend dem Absinken des Flüssigkeitsspiegels muß jedes austretende Masseteilchen m unter der Wirkung seines Gewichtes m g sich von der Oberfläche zur Austrittsöffnung bewegen. Wird der praktisch bedeutungslose Flüssigkeitswiderstand vernachlässigt, so folgt, da außer der Schwere keine Antriebskraft wirkt und die Geschwindigkeit v_1 zu Beginn der Bewegung null ist,

$$\frac{m}{2} v_2^2 = \int_{\mathfrak{r}_1}^{\mathfrak{r}_2} m\, \mathfrak{g}\, d\mathfrak{r} = mgH \quad \text{oder} \quad v_2 = \sqrt{2gH}$$

Schließlich möge noch die sog. BERNOULLISche Energiegleichung der reibungslosen Flüssigkeit aufgestellt werden. Hierzu sei gemäß Abb. 34 ein sich auf einer Stromlinie bewegendes Flüssig-

keitsteilchen von der Masse $\frac{\gamma}{g}\, \Delta V$ betrachtet, wobei ΔV ein kleines Raumelement sei. Bei Vernachlässigung des praktisch bedeutungslosen Flüssigkeitswiderstandes verbleiben lediglich Druckgefälle und Schwere als antreibende Kräfte. Von ersterem leistet nur die in die Strombahn fallende Teilkraft Arbeit, und zwar negative, da dp/ds der Bewegungsrichtung entgegenwirkt (Abb. 34). Man erhält

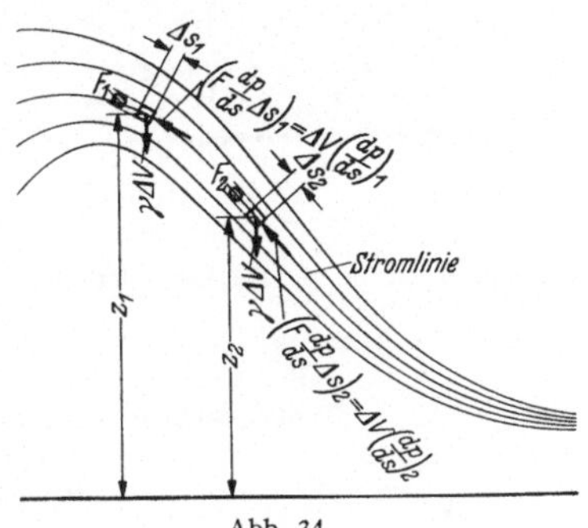

Abb. 34.

$$\int_{\mathfrak{r}_1}^{\mathfrak{r}_2} \mathfrak{A}\, d\mathfrak{r} = - \int_{s_1}^{s_2} F\left(\frac{dp}{ds}\, \Delta s\right) ds =$$

$$= - \Delta V \int_{s_1}^{s_2} \frac{dp}{ds}\, ds = \Delta V\, (p_1 - p_2).$$

Ferner folgt für die Arbeit der Schwere, wenn z die geometrische Höhenlage bezeichnet,

$$\int_{\mathfrak{r}_1}^{\mathfrak{r}_2} \mathfrak{G}\, d\mathfrak{r} = - \int_{z_1}^{z_2} \gamma\, \Delta V\, dz = + \gamma\, \Delta V\, (z_1 - z_2).$$

Damit lautet die Energiegleichung

$$\frac{\gamma}{2g}\, \Delta V\, (v_2^2 - v_1^2) = \Delta V\, (p_1 - p_2) + \gamma\, \Delta V\, (z_1 - z_2).$$

Bei geeignetem Ordnen und Division durch $\gamma\, \Delta V$ folgt hieraus

$$\frac{v_2^2}{2g} + \frac{p_2}{\gamma} + z_2 = \frac{v_1^2}{2g} + \frac{p_1}{\gamma} + z_1 \quad \text{(BERNOULLISche Energiegleichung)}.$$

3. Bewegungsgröße, Impuls und Impulssatz.

Die mit der Masse multiplizierte Geschwindigkeit wird als Bewegungsgröße bezeichnet,

(12) $$\mathfrak{B} = m\mathfrak{v} \quad \text{(Bewegungsgröße)}.$$

Die Differentiation von $\mathfrak{B}$ ergibt bei Berücksichtigung von (1)

(13) $$d\mathfrak{B}/dt = \mathfrak{P},$$

woraus durch Integration der sog. Impulssatz

(14) $$\mathfrak{B}_2 - \mathfrak{B}_1 = \int_{t_1}^{t_2} \mathfrak{P}\, dt \quad \text{(Impulssatz)}$$

folgt. Der Name rührt von der rechten Seite von (14) her, die man als Impuls bezeichnet.

Bei stationären Bewegungserscheinungen, wie bei Strömungen von Flüssigkeiten und Gasen, wird der Impuls gleich $\mathfrak{P}\, (t_2 - t_1)$ und man erhält mit

(15) $$\mathfrak{B}_s = m_s \mathfrak{v} \quad \text{(sekundliche Bewegungsgröße)}$$

den Impulssatz für stationäre Bewegungen

(16) $$\mathfrak{B}_{2s} - \mathfrak{B}_{1s} = \mathfrak{P} \quad \text{(Impulssatz für stationäre Bewegungen)}.$$

Um die Anwendung an einigen Beispielen zu erläutern, sei zunächst die Sprunghöhe des sog. Wechselsprunges bestimmt, durch den das Wasser eines Flußlaufes von der schießenden in die strömende Gleichgewichtslage übergeführt wird. Gemäß Abb. 35 liege ein trogartiges Flußbett von der Breite b vor, durch das die Wassermenge Q und dementsprechend die sekundliche Masse $m_s = \dfrac{\gamma}{g} Q$ hindurchzuleiten ist. Bezeichnen H_1 und H_2 die Wassertiefen vor und hinter dem Wechselsprung, so folgt aus Kontinuität der Strömung und Impulssatz

$$Q = v_1 b H_1 = v_2 b H_2; \quad v_1 = Q/b\,H_1; \quad v_2 = Q/b\,H_2.$$

$$\mathfrak{P} = \frac{\gamma}{g} Q (v_2 - v_1); \quad P = \frac{\gamma Q^2}{g\,b} \left(\frac{1}{H_2} - \frac{1}{H_1} \right).$$

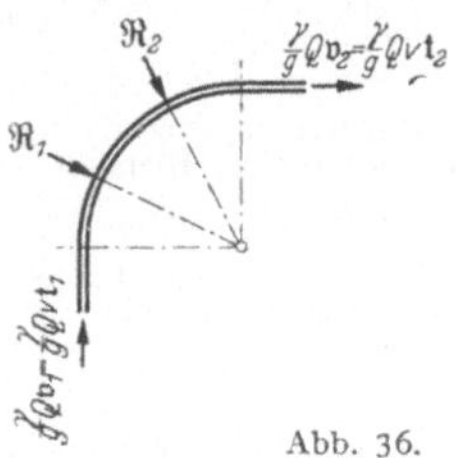

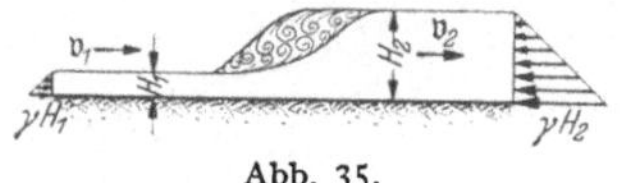

Abb. 35.

Abb. 36.

Andererseits ergibt die Differenz der statischen Wasserdrucke unterhalb und oberhalb des Wechselsprunges

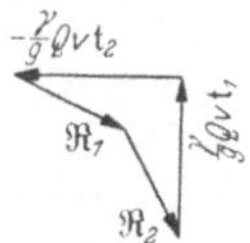

$$P = \frac{\gamma}{2} b H_1^2 - \frac{\gamma}{2} b H_2^2.$$

Werden beide P-Werte gleichgesetzt, erhält man

$$H_2 = -\frac{H_1}{2} + \sqrt{\frac{H_1^2}{4} + \frac{2 Q^2}{g\,b^2\,H_1}}.$$

Abb. 37.

Weiterhin sei ein Rohrkrümmer von 90° Öffnungswinkel betrachtet, der gemäß Abb. 36 in zwei symmetrisch gelegenen Punkten gehalten ist. Bildet man nach (16) den resultierenden Vektor $\dfrac{\gamma}{g} Q (v_2 - v_1)$, so stellt dieser die auf die Stützpunkte entfallende Last dar. Diese kann dann weiter auf die Auflager verteilt werden. Abb. 37 zeigt das geschlossene Krafteck der Impulse und Auflagerkräfte.

4. Der elastische Stoß.

Ein weiteres Anwendungsgebiet von Energie- uud Impulssatz ist der elastische Stoß, den man durch eine mit der Geschwindigkeit v_0 auf eine Feder aufprallende Masse $m = G/g$ idealisieren kann (Abb. 38). Die Federkonstante, d. h. diejenige Last, die die Feder im ruhenden Zustande um 1 cm zusammendrückt, sei c.

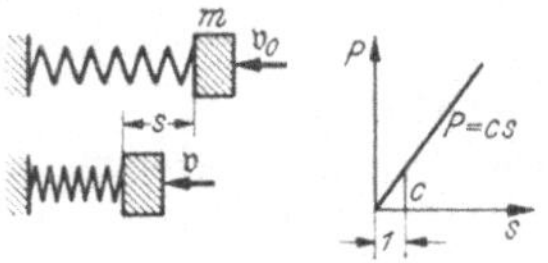

Abb. 38.

Wird der Impulssatz auf die hier vorliegende geradlinige Bewegung angewendet, so folgt

$$m (v_0 - v) = \int_0^t P\,dt.$$

Ist s die Zusammendrückung der Feder, kann für v und P

$$v = ds/dt; \quad P = cs$$

eingeführt werden, so daß man erhält

$$(17) \qquad m \left(v_0 - \frac{ds}{dt} \right) = \int_0^t c s\,dt.$$

Dies ist eine Integralgleichung für s. Ihre Auflösung liefert bei Beachtung der vorgegebenen Randbedingungen

$$(18) \qquad s = v_0 \sqrt{\frac{m}{c}} \sin t \sqrt{\frac{c}{m}}.$$

Die größte Zusammendrückung ist erreicht, wenn $t = \dfrac{\pi}{2} \sqrt{\dfrac{m}{c}}$ wird. Hierfür ergibt sich

$$(19) \qquad \max s = v_0 \sqrt{\frac{m}{c}}\,; \qquad \max P = v_0 \sqrt{mc} \quad \left(t = \frac{\pi}{2}\sqrt{\frac{m}{c}}\right).$$

Für $t = \pi \sqrt{\dfrac{m}{c}}$ ist s wieder null und die Masse verläßt die Feder, vorausgesetzt, daß sie nicht durch sekundäre Wirkungen, z. B. Eigengewicht bei lotrechter Federlage, daran gehindert wird.

Die Geschwindigkeit folgt zu

$$(20) \qquad v = v_0 \cos t \sqrt{\frac{c}{m}}\,;$$

sie hat in dem Augenblick, wo die Masse die Feder wieder verläßt, ihren Anfangswert zurückgewonnen, nur das Vorzeichen ist umgekehrt worden. Die zugeführte kinetische Energie von $\dfrac{m}{2}\,v_0^2$ wird daher auch restlos wieder abgeführt. Zwischendurch findet eine Energieumsetzung in Formänderungsarbeit statt, die im Augenblicke der größten Zusammendrückung eine vollkommene ist (Abb. 39).

Um auch hier einige Beispiele anzuschließen, sei zunächst eine Laufkatze vom Gewichte G betrachtet, die mit einer Geschwindigkeit v_0 gegen die Pufferfedern einer Verladebrücke prallt (Abb. 40). Die Tragfähigkeit der Federn sei P, der zugehörige größte Federweg h m/Feder. Wieviel Federn sind notwendig, um den Stoß vollständig aufzufangen?

Mit $m = G/g$, $c = P/nh$, $\max P = P$ folgt aus (19)

$$n = \frac{v_0^2}{gh}\,\frac{G}{P}\,.$$

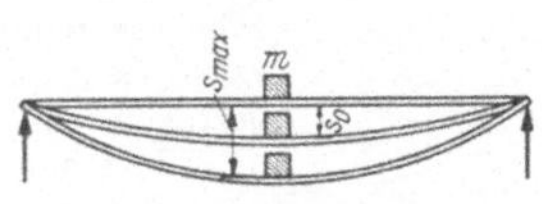

Abb. 39.

Ist beispielsweise $G = 160$ t, $v_0 = 60$ m/min $= 1$ m/sec, $P = 10$ t und $h = 0,15$ m, so errechnet sich $n = 10,7$. Es sind daher für jeden Brückenträger 5,35, d. h. sechs Federn notwendig.

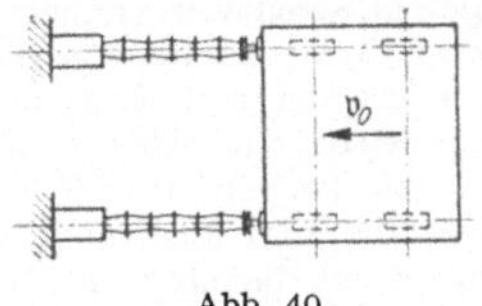

Abb. 40.   Abb. 41.

Weiterhin sei nach der Stoßkraft $\max P$ gefragt, die ein frei gelagerter Balken von der Länge l erfährt, wenn eine Last G aus der Höhe H mittig auf den Balken aufprallt (Abb. 41). Aus der Durchbiegung f einer Einzellast P in Balkenmitte,

$$f = Pl^3/48\,EI,$$

folgt zunächst die Federkonstante zu

$$c = P/f = 48\,EI/l^3.$$

Die Aufprallgeschwindigkeit v_0 ergibt sich aus der Energiegleichung. Aus

$$GH = \frac{G}{g}\,\frac{v_0^2}{2}$$

folgt $v_0 = \sqrt{2gH}$.

Man erhält daher nach (19) für die Stoßkraft $\max P$

$$\max P = \sqrt{2gH}\,\sqrt{\frac{G}{g}\,\frac{48\,EI}{l^3}} = \sqrt{\frac{96\,GHEI}{l^3}}\,.$$

Ist beispielsweise $G = 1000$ kg $= 1,0$ t, $H = 1,0$ m, $l = 10$ m und handelt es sich um ein $I\,N^\circ\,55$ mit $E = 2\,150\,000$ kg/cm² $= 21\,500\,000$ t/m² und $I = 99\,184$ cm⁴ $= 0,00099184$ m⁴, so folgt

$$\max P = \sqrt{\frac{96\cdot 1,0\cdot 1,0\cdot 21\,500\,000\cdot 0,000\,991\,84}{1000}} = 45,2 \text{ t}.$$

Die Stoßbelastung ist also im vorliegenden Falle das 45fache der statischen Last.

5. Die plötzliche oder schwingende Belastung.

Ein wichtiger Sonderfall des elastischen Stoßes ist die plötzliche Belastung. Der Stoß entsteht hierbei dadurch, daß die Last nicht allmählich in ihre statische Gleichgewichtslage übergeführt wird, sondern in diese gewissermaßen hineinfällt (Abb. 42). Bezeichnet man die elastische Federung aus der Ruhelage mit s und bis zur statischen Gleichgewichtslage mit s_0, so ist

$$m = G/g; \quad c = G/s_0.$$

Ist P die zu einer Zwischenlage s gehörige Federkraft, so liefert die Energiegleichung, da P immer der Bewegung entgegenwirkt,

$$\frac{m}{2}(v^2 - v_0^2) = G\,s - \int_0^s P\,ds.$$

Wird hierin $v_0 = 0$, $v = \dfrac{ds}{dt}$ und $P = cs = \dfrac{G}{s_0}s$ eingesetzt, folgt

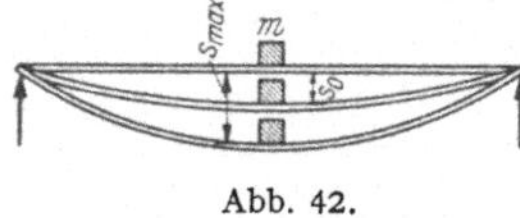

Abb. 42.

$$v = \frac{ds}{dt} = \sqrt{2\,g\,s\left(1 - \frac{1}{2}\frac{s}{s_0}\right)}.$$

Die Integration unter Berücksichtigung der Randbedingungen liefert

$$(21) \qquad s = s_0\left(1 - \cos t\sqrt{\frac{g}{s_0}}\right),$$

d. h. eine harmonische Schwingung mit der Amplitude s_0 und der Kreisfrequenz $\omega = \sqrt{g/s_0}$. Hieraus erhält man die Federkraft

$$(22) \qquad P = c\,s = G\left(1 - \cos t\sqrt{\frac{g}{s_0}}\right),$$

und damit die Stoßbelastung

$$(23) \qquad \max P = 2\,G.$$

Sonach kann ein Tragwerk durch plötzliche Belastung bis zu 100 % überlastet werden. Wieweit man sich in Wirklichkeit diesem Grenzwert nähert, hängt einerseits von der Spannweite, andererseits von der Fahrzeuggeschwindigkeit ab. Bei Brücken wird der dynamischen Zusatzbeanspruchung durch die sog. Stoßziffer φ Rechnung getragen, die zwischen 1,2 und 1,8 schwankt.

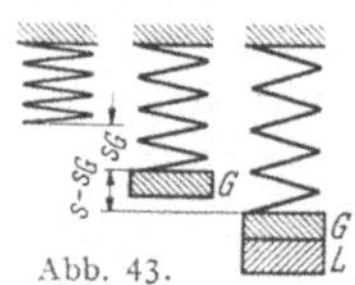

Abb. 43.

Für manche Anwendungsfälle sind auch noch Schwingungsdauer und Frequenz der durch die plötzliche Belastung hervorgerufenen Schwingung von Bedeutung. Hierfür erhält man aus (21)

$$(24) \qquad T = 2\pi\sqrt{\frac{s_0}{g}}; \quad n = \frac{1}{T} = \frac{1}{2\pi}\sqrt{\frac{g}{s_0}}.$$

Oft stellt die plötzlich aufgebrachte Belastung nur einen Teil der schwingenden Last dar. Ist die erstere L, die letztere $G + L$, so lautet die Energiegleichung (Abb. 43)

$$\frac{G+L}{2g}v^2 = (G+L)(s - s_g) - \int_{s_g}^s P\,ds.$$

Mit

$$c = \frac{G}{s_g} = \frac{L}{s_l} = \frac{G+L}{s_g + s_l} \text{ und } P = cs$$

erhält man

$$v = \frac{ds}{dt} = \sqrt{2\,g\,(s - s_g)\left(1 - \frac{1}{2}\frac{s + s_g}{s_g + s_l}\right)}.$$

Die Integration unter Berücksichtigung der Randbedingungen liefert

$$(25) \qquad s = s_g + s_l\left(1 - \cos t\sqrt{\frac{g}{s_g + s_l}}\right).$$

Hieraus folgt die Federkraft

$$(26) \quad \begin{cases} P = cs = (G + L)\left[\dfrac{s_g}{s_g + s_l} + \dfrac{s_l}{s_g + s_l}\left(1 - \cos t \sqrt{\dfrac{g}{s_g + s_l}}\right)\right] = \\[2mm] \qquad = G + L\left(1 - \cos t \sqrt{\dfrac{g}{s_g + s_l}}\right), \end{cases}$$

und damit die Stoßkraft

$$(27) \qquad \max P = G + 2L.$$

Ferner ergibt sich für Schwingungsdauer und Frequenz

$$(28) \qquad T = 2\pi \sqrt{\dfrac{s_g + s_l}{g}}; \quad n = \dfrac{1}{T} = \dfrac{1}{2\pi}\sqrt{\dfrac{g}{s_g + s_l}}.$$

Im umgekehrten Falle einer plötzlich vorgenommenen *Entlastung* erhält man folgende Formeln:

$$(29) \qquad s = s_g + s_l \cos t \sqrt{\dfrac{g}{s_g}};$$

$$(30) \qquad P = G + L \cos t \sqrt{\dfrac{g}{s_g}}; \quad \min P = G - L;$$

$$(31) \qquad T = 2\pi \sqrt{\dfrac{s_g}{g}}; \quad n = \dfrac{1}{T} = \dfrac{1}{2\pi}\sqrt{\dfrac{g}{s_g}}.$$

Um ein Beispiel anzuschließen, möge noch die plötzliche Entleerung einer Betonkübelkatze untersucht werden, die auf dem Tragseil einer Kabelkrananlage verfahren wird. Ist gemäß

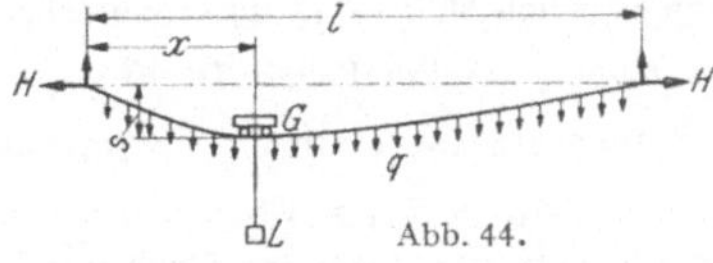

Abb. 44.

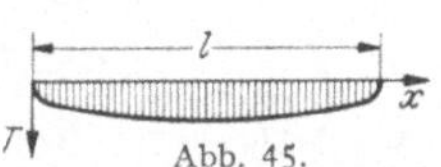

Abb. 45.

Abb. 44 l die Kabellänge, H der Seilzug, x der Abstand der Katze vom linken Kabelturm, und wird für die Schwingung das halbe Seilgewicht $\frac{1}{2}ql$ zur Masse der Katze geschlagen, so folgt bei gleichzeitiger Berücksichtigung des Seilgewichtdurchhanges s_e

$$s = s_e + s_g + s_l \cos t \sqrt{\dfrac{g}{s_g + s_e}}; \quad s_e = \dfrac{1}{2}ql\dfrac{x(l-x)}{lH}; \quad s_g = G\dfrac{x(l-x)}{lH}; \quad s_l = L\dfrac{x(l-x)}{lH}.$$

Nach Einsetzung der s-Werte und geeigneter Zusammenfassung ergibt sich

$$s = \dfrac{4x(l-x)}{l}\left[\dfrac{G + \frac{1}{2}ql}{4H} + \dfrac{L}{4H}\cos t \sqrt{\dfrac{glH}{(G + \frac{1}{2}ql)x(l-x)}}\right];$$

$$T = 2\pi \sqrt{\dfrac{(G + \frac{1}{2}ql)x(l-x)}{glH}}; \quad n = \dfrac{1}{2\pi}\sqrt{\dfrac{glH}{(G + \frac{1}{2}ql)x(l-x)}}.$$

Ist $l = 150$ m, $G = 10$ t, $L = 10$ t, $H = 120$ t, $q = 0,05$ t/m, $\frac{1}{2}ql = 3,75$ t, so folgt insbesondere

$$s = \dfrac{4x}{l}\left(1 - \dfrac{x}{l}\right)\left[4,29 + 3,12\cos t \sqrt{\dfrac{2,28}{\frac{4x}{l}\left(1 - \frac{x}{l}\right)}}\right];$$

$$\min s = 1,17 \cdot \dfrac{4x}{l}\left(1 - \dfrac{x}{l}\right); \quad s_0 = 4,29 \cdot \dfrac{4x}{l}\left(1 - \dfrac{x}{l}\right); \quad \max s = 7,41 \cdot \dfrac{4x}{l}\left(1 - \dfrac{x}{l}\right).$$

In Seilmitte ($x = l/2$) ergeben sich demgemäß Durchgangsschwankungen von $\pm 3,12$ m, wenn der Kübel plötzlich entleert werden würde. Die Schwingungsdauer folgt zu

$$T = 2\pi \sqrt{\dfrac{\frac{4x}{l}\left(1 - \frac{x}{l}\right)}{2,28}} = 4,16 \sqrt{\dfrac{4x}{l}\left(1 - \dfrac{x}{l}\right)} \ \text{sec}.$$

Trägt man T als Funktion von x auf, so ergibt sich der in Abb. 45 wiedergegebene Verlauf. Je mehr man sich den Kabeltürmen nähert, um so stärker beginnt das Seil zu zittern. Dies kann sich zuweilen recht nachteilig auf den Betonierbetrieb auswirken.

6. Drall- und Momentbegriff. Impulsmomentensatz.

Das vektorielle Produkt $\mathfrak{r} \times m\mathfrak{v} = \mathfrak{r} \times \mathfrak{B}$ eines Massenpunktes (Abb. 46) wird als Drall oder Drehimpuls, dasjenige $\mathfrak{r} \times m\mathfrak{p} = \mathfrak{r} \times \mathfrak{P}$ als Drehmoment oder Moment bezeichnet. Hierfür seien die Abkürzungen

$$(32) \qquad \mathfrak{D} = \mathfrak{r} \times m\mathfrak{v} = \mathfrak{r} \times \mathfrak{B} \quad \text{(Drall, Drehimpuls, Impulsmoment),}$$

$$(33) \qquad \mathfrak{M} = \mathfrak{r} \times m\mathfrak{p} = \mathfrak{r} \times \mathfrak{P} \quad \text{(Moment, Drehmoment)}$$

gewählt. Differenziert man den Drall nach der Zeit, so folgt

$$\frac{d\mathfrak{D}}{dt} = \frac{d\mathfrak{r}}{dt} \times m\mathfrak{v} + \mathfrak{r} \times m\frac{d\mathfrak{v}}{dt} = \mathfrak{v} \times m\mathfrak{v} + \mathfrak{r} \times m\mathfrak{p} = \mathfrak{r} \times m\mathfrak{p},$$

und bei Einführung des Momentbegriffes nach (33)

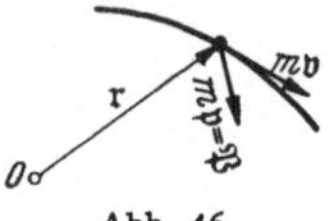

Abb. 46.

$$(34) \qquad\qquad d\mathfrak{D}/dt = \mathfrak{M}.$$

Hieraus ergibt sich durch Integration der sog. Impulsmomentensatz

$$(35) \qquad \mathfrak{D}_2 - \mathfrak{D}_1 = \int_{t_1}^{t_2} \mathfrak{M}\,dt \quad \text{(Impulsmomentensatz)}.$$

Die Gleichungen (34) und (35) stimmen mit (13) und (14) in der Form völlig überein. Man kann diese vier Gleichungen als die Grundlage der vektoriellen Mechanik bezeichnen.

Bei stationären Bewegungserscheinungen, wie bei Strömungen von Flüssigkeiten und Gasen, wird das Impulsmoment gleich $\mathfrak{M}\,(t_2 - t_1)$ und man erhält mit

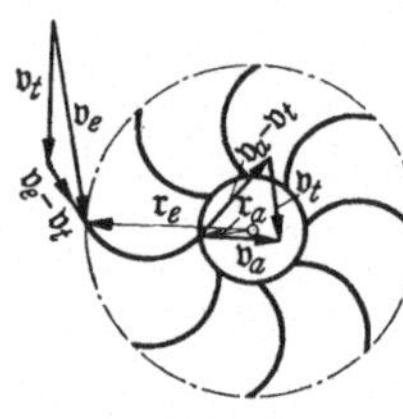

Abb. 47.

$$(36) \qquad \mathfrak{D}_s = \mathfrak{r} \times m_s\,\mathfrak{v} \quad \text{(sekundlicher Drall)}$$

den Impulsmomentensatz für stationäre Bewegungen

$$(37) \qquad\qquad \mathfrak{D}_{2s} - \mathfrak{D}_{1s} = \mathfrak{M}$$

(Impulsmomentensatz für stationäre Bewegungen).

Als Anwendungsbeispiel sei hier die Strömung durch eine FRANCIS-Radialturbine betrachtet. Ein den Leitapparat verlassendes Wasserteilchen fließe dem Schaufelrade mit der Eintrittsgeschwindigkeit v_e zu. Nach Abzug der Umfangsgeschwindigkeit v_t der Turbine verbleibt die Relativgeschwindigkeit $v_e - v_t$, mit der das Wasserteilchen auf die Schaufel auftrifft (Abb. 47). Hierbei ist es sehr wesentlich, daß $v_e - v_t$ möglichst gut mit der Tangentenrichtung der Schaufel übereinstimmt, da sonst Stoßverluste in Erscheinung treten. Beim Durchströmen des Schaufelrades wird die Relativgeschwindigkeit zufolge der Krümmung der Schaufeln beständig abgelenkt. Die damit verbundenen Impulswirkungen ermöglichen die Abgabe der Drehenergie an die Turbine. An der Austrittsstelle überlagert sich die relative Austrittsgeschwindigkeit $v_a - v_t$ mit der Umfangsgeschwindigkeit v_t der Turbine zu der absoluten Austrittsgeschwindigkeit v_a (Abb. 47).

Wird nun (37) auf den betrachteten Stromfaden angewendet, so folgt für das an die Turbinenwelle abgegebene Drehmoment

$$\mathfrak{r}_e \times m_s\mathfrak{v}_e - \mathfrak{r}_a \times m_s\mathfrak{v}_a = \mathfrak{M}.$$

Da $\mathfrak{r}_a \times \mathfrak{v}_a$ und $\mathfrak{r}_e \times \mathfrak{v}_e$ für alle der Turbine zuströmenden Wasserteilchen gleich groß und gleichgerichtet sind, kann für m_s die gesamte zuströmende Wassermasse $\dfrac{\gamma}{g}\,Q$ eingeführt werden, und man erhält

$$\mathfrak{M} = \frac{\gamma\,Q}{g}\,(\mathfrak{r}_e \times \mathfrak{v}_e - \mathfrak{r}_a \times \mathfrak{v}_a).$$

Tritt das Wasser radial aus dem Schaufelrade aus, was $\mathfrak{r}_a \times \mathfrak{v}_a = 0$ entspricht, so ist die gesamte der Turbine zugeführte Drallenergie im Schaufelrade umgesetzt.

Durch Multiplikation von $\mathfrak{M}$ mit der Winkelgeschwindigkeit ω ergibt sich die an der Turbinenwelle abziehbare Leistung

$$\mathfrak{L} = \mathfrak{M}\,\omega = \frac{\gamma\,Q\,\omega}{g}\,(\mathfrak{r}_e \times \mathfrak{v}_e - \mathfrak{r}_a \times \mathfrak{v}_a).$$

B. Dynamik der Punkthaufenbewegung.

1. Dynamische Grundgleichungen.

Faßt man eine bestimmte Anzahl von Massenpunkten, die sich im allgemeinen unabhängig voneinander bewegen können, zu einem geschlossenen System zusammen, so entsteht ein Massenpunkthaufen (Abb. 48). Ein Beispiel hierfür sind die die Sonnensysteme mit ihren Planeten und Monden.

An einem Punkthaufen unterscheidet man äußere Kräfte $\Re_a$ und gegenseitige oder innere Kräfte $\Re_i$. Betrachtet man beispielsweise die Schwingungsbewegung eines Fachwerkträgers, der gemäß Abb. 49 als Punkthaufen aufgefaßt werden kann, so sind die gegenseitigen oder inneren Kräfte die Stabkräfte. An jedem Massenpunkt sei $\mathfrak{P}_a$ die Resultierende der äußeren, $\mathfrak{P}_i$ die der gegenseitigen Kräfte.

Durch Überlagerung der an jedem Massenpunkt vorhandenen Einzelwirkungen ergeben sich die dynamischen Grundgleichungen des Punkthaufens. Hierbei

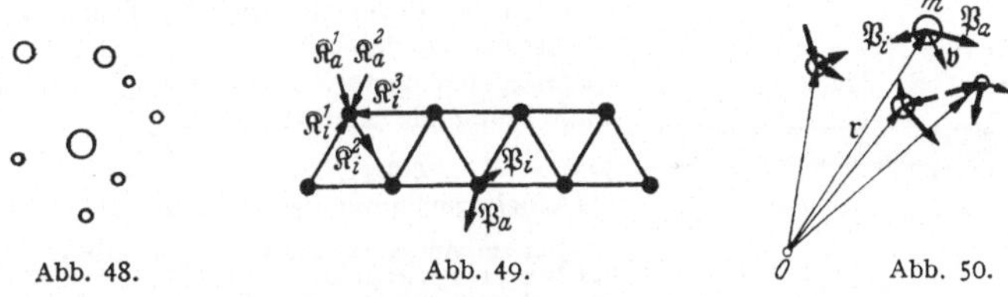

Abb. 48.   Abb. 49.   Abb. 50.

treten die inneren Kräfte nicht in Erscheinung, da sie sich gegenseitig auslöschen. Man erhält zunächst die Gleichungsketten (Abb. 50)

$$(38) \qquad \sum (\mathfrak{P}_a + \mathfrak{P}_i) = \sum \mathfrak{P}_a = \sum m \, \mathfrak{p} = \sum m \frac{d\mathfrak{v}}{dt} = \frac{d\Sigma m \mathfrak{v}}{dt} = \frac{d\Sigma \mathfrak{B}}{dt};$$

$$(39) \qquad \sum \mathfrak{r} \times (\mathfrak{P}_a + \mathfrak{P}_i) = \sum \mathfrak{r} \times \mathfrak{P}_a = \sum \mathfrak{M}_a = \sum \mathfrak{r} \times m \, \mathfrak{p} = \frac{d\Sigma \mathfrak{r} \times m \mathfrak{v}}{dt} = \frac{d\Sigma \mathfrak{D}}{dt},$$

und hieraus insbesondere

$$(40) \qquad \sum \mathfrak{P} = \sum \mathfrak{P}_a = \frac{d\Sigma \mathfrak{B}}{dt}; \qquad \sum \int_{t_1}^{t_2} \mathfrak{P}_a \, dt = \Sigma (\mathfrak{B}_2 - \mathfrak{B}_1) \qquad \text{(Impulssatz des Punkthaufens):}$$

$$(41) \qquad \sum \mathfrak{M} = \sum \mathfrak{M}_a = \frac{d\Sigma \mathfrak{D}}{dt}; \qquad \sum \int_{t_1}^{t_2} \mathfrak{M}_a \, dt = \Sigma (\mathfrak{D}_2 - \mathfrak{D}_1) \qquad \text{(Impulsmomentensatz des Punkthaufens).}$$

In der Energiegleichung fallen die inneren Kräfte naturgemäß nicht heraus und es folgt

$$(42) \qquad \sum \int_{\mathfrak{r}_1}^{\mathfrak{r}_2} (\mathfrak{P}_a + \mathfrak{P}_i) \, d\mathfrak{r} = \sum \frac{m}{2} (v_2^2 - v_1^2) \qquad \text{(Energiegleichung des Punkthaufens).}$$

2. Prinzip der virtuellen Verrückungen; Arbeitsgleichungen.

Ein Massenpunkthaufen befinde sich im Zustande völliger Ruhe; dann müssen sich an jedem Massenpunkte $\mathfrak{P}_a$ und $\mathfrak{P}_i$ das Gleichgewicht halten, d. h. $\mathfrak{P}_a + \mathfrak{P}_i$ null sein. Betrachtet man nun einen zweiten derartigen Gleichgewichtszustand $\overline{\mathfrak{P}}_a + \overline{\mathfrak{P}}_i$, unter dessen Wirkung alle Massenpunkte eine im Verhältnis zu ihren Abständen sehr kleine Verrückung $\varDelta \mathfrak{r}$ erfahren — z. B. eine solche durch elastische Verformungen —, so leistet der Ausgangsgleichgewichtszustand bei der Verrückung $\varDelta \mathfrak{r}$ Arbeit. Erfolgt die Verrückung durch den zweiten Gleichgewichtszustand so, daß nach Erreichen von $\varDelta \mathfrak{r}$ der Massenpunkthaufen sich wieder im Zustande der Ruhe befindet — im Falle elastischer Verformungen bedingt dies ein allmähliches Aufbringen der Last —, so geht (42) mit $\mathfrak{r}_2 - \mathfrak{r}_1 = \varDelta\,\bar{\mathfrak{r}}$ und wegen $v_2 = v_1 = 0$ über in

$$(43) \qquad\qquad \varSigma\,(\mathfrak{P}_a + \mathfrak{P}_i)\,\varDelta\,\bar{\mathfrak{r}} = 0.$$

Da der zweite Gleichgewichtszustand und die zugehörige Verrückung meist nur ein gedachter, d. h. lediglich in der Vorstellung bestehender Zustand ist, nennt man $\varDelta\,\bar{\mathfrak{r}}$ eine „scheinbare" oder „virtuelle" Verrückung. Demgemäß wird die Gedankenfolge, die zu (43) geführt hat, als „Prinzip der virtuellen Verrückungen" bezeichnet.

Die Gl. (43) heißt die „Arbeitsgleichung" und wird gewöhnlich in der Form

$$(44) \quad \varSigma\,\mathfrak{P}_a\,\varDelta\,\bar{\mathfrak{r}} = - \varSigma\,\mathfrak{P}_i\,\varDelta\,\bar{\mathfrak{r}} \quad \text{(Arbeitsgleichung bei virtueller Verrückung)}$$

geschrieben. Sie besagt, daß die Arbeit der äußeren Kräfte bei einer virtuellen Verrückung gleich der negativen Arbeit der gegenseitigen (inneren) Kräfte ist.

Zu dem grundsätzlich gleichen Ergebnis gelangt man, wenn der Ausgangszustand als „gedacht" oder „virtuell" betrachtet wird, und die Verrückung, d. h. der zweite Gleichgewichtszustand eine Wirklichkeitsgröße darstellt. Man spricht dann vom „Prinzip der virtuellen Belastung". In diesem Falle lautet die Arbeitsgleichung

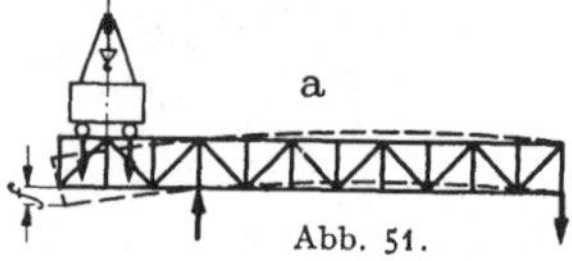

Abb. 51.

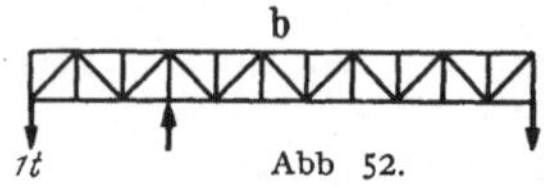

$$(45) \qquad \varSigma\,\bar{\mathfrak{P}}_a\,\varDelta\,\mathfrak{r} = - \varSigma\,\bar{\mathfrak{P}}_i\,\varDelta\,\mathfrak{r}$$
(Arbeitsgleichung bei virtueller Belastung).

Um ein Anwendungsbeispiel anzuschließen, sei nach der Durchsenkung f des Auslegerendes einer Drehkranverladebrücke gefragt, wenn der Drehkran in ungünstigster Endstellung auf dem Ausleger steht (Abb. 51). Man wird in diesem Falle das Prinzip der virtuellen Belastung anwenden und letztere gemäß Abb. 52 wählen.

Da die Stützkräfte keine Verschiebungen $\varDelta\,\mathfrak{r}$ erfahren, ist die gesamte in (45) eingehende äußere Arbeit

Abb 52.

$$\varSigma\,\bar{\mathfrak{P}}_a\,\varDelta\,\mathfrak{r} = 1\cdot f = f.$$

Die innere Arbeit besteht hier in der Arbeit der Stabkräfte. Werden diese immer paarweise zusammengefaßt, so folgt, da die Stabkraft S stets der Stabverformung $\varDelta\,s$ entgegenwirkt,

$$- \varSigma\,\bar{\mathfrak{P}}_i\,\varDelta\,\mathfrak{r} = + \varSigma\,\bar{S}\,\varDelta\,s.$$

Ferner liefert das Hookesche Gesetz

$$\varDelta\,s = S\,s/E\,F \quad (s\ \text{Stablänge},\ F\ \text{Stabquerschnitt},\ E\ \text{Elastizitätsmodul}).$$

Damit ergibt sich

$$f = \sum \frac{\bar{S}\,S\,s}{E\,F}.$$

Die Summation ist über sämtliche Stäbe zu erstrecken, wobei für $\bar{S}$ die Stabkräfte des virtuellen, für S die des tatsächlichen Belastungszustandes einzusetzen sind.

3. Einführung des Massenmittelpunktes (Schwerpunktes).

Wird mit $M = \varSigma\,m$ die Gesamtmasse des Systems bezeichnet, so nennt man denjenigen Punkt $\mathfrak{r}_M$ des Raumes (Abb. 53), welcher der Gleichung

$$(46) \qquad\qquad M\,\mathfrak{r}_M = \varSigma\,m\mathfrak{r} \quad \text{(Massenmittelpunkt, Schwerpunkt)}$$

oder den Komponentengleichungen

$$(47) \quad M\,r_{1M} = \varSigma\,m r_1, \quad M\,r_{2M} = \varSigma\,m r_2, \quad M\,r_{3M} = \varSigma\,m r_3 \quad \begin{array}{l}\text{(Massenmittelpunkt,}\\ \text{Schwerpunkt)}\end{array}$$

genügt, den Massenmittelpunkt oder Schwerpunkt. Aus (46) folgt

$$(48) \qquad \left\{ \begin{array}{l} M\,\dfrac{d\,\mathfrak{r}_M}{d\,t} = M\,\mathfrak{v}_M = \varSigma\,m\,\mathfrak{v} = \varSigma\,\mathfrak{B}; \\[2ex] M\,\dfrac{d\,\mathfrak{v}_M}{d\,t} = M\,\mathfrak{p}_M = \varSigma\,m\,\dfrac{d\,\mathfrak{v}}{d\,t} = \dfrac{d\,\varSigma\,\mathfrak{B}}{d\,t} \end{array} \right\} \quad \begin{array}{l}\text{(Massenmittelpunkt,}\\ \text{Schwerpunkt).}\end{array}$$

Wird (40) in (48) berücksichtigt, ergibt sich

$$(49) \qquad \Sigma\,\mathfrak{P} = \Sigma\,\mathfrak{P}_a = M\,\mathfrak{p}_M \quad \text{(Massenmittelpunkt, Schwerpunkt).}$$

Nach (49) bewegt sich der Schwerpunkt eines Punkthaufens so, als wären alle Kräfte und die gesamte Masse in ihm vereinigt.

Ist $\Sigma\,\mathfrak{P} = 0$, d. h. heben sich die Kraftwirkungen innerhalb eines Punkthaufens auf, so bewegt sich der Massenmittelpunkt stets mit gleichbleibender Geschwindigkeit, wie auch die Bewegungen der Massenpunkte im einzelnen sein mögen.

Ist $\Sigma\,\mathfrak{P} = 0$ und verharrt der Massenmittelpunkt in einem bestimmten Augenblick in Ruhe, so verbleibt er dauernd in Ruhe.

Wird z. B. in dem Fachwertträger von Abb. 49 zu einem gewissen Zeitpunkt t_0 eine Schwingung ohne äußere Kräfte $\mathfrak{P}_a$, d. h. lediglich durch Stabkräfte $\mathfrak{P}_i$ ausgelöst, so verbleibt der Massenmittelpunkt in Ruhe, da $\Sigma\,\mathfrak{P}_a = 0$ und $v_M = 0$ für $t = t_0$ ist. Der Massenmittelpunkt des schwingenden Systems bleibt also immer der gleiche, in welcher Schwingungsphase man sich auch befinden möge.

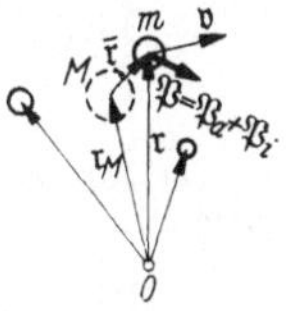

Bezeichnet $\mathfrak{r}$ den Ortsvektor in bezug auf den Schwerpunkt, so ergibt sich (Abb. 53)

$$(50) \qquad \mathfrak{r} = \mathfrak{r}_M + \mathfrak{r}.$$

Demgemäß spaltet sich ein Moment in

$$\mathfrak{M} = \mathfrak{r}\times\mathfrak{P} = \mathfrak{r}_M\times\mathfrak{P} + \mathfrak{r}\times\mathfrak{P},$$

und man erhält bei Berücksichtigung von (49)

$$\Sigma\,\mathfrak{M} = \mathfrak{r}_M\times\Sigma\,\mathfrak{P} + \Sigma\,\mathfrak{r}\times\mathfrak{P} = \mathfrak{r}_M\times M\,\mathfrak{p}_M + \Sigma\,\mathfrak{r}\times\mathfrak{P} = \mathfrak{M}_M + \Sigma\,\mathfrak{M}.$$

In entsprechender Weise folgt für das Impulsmoment bei Berücksichtigung von (48)

$$\Sigma\,\mathfrak{D} = \mathfrak{r}_M\times\Sigma\,m\,\mathfrak{v} + \Sigma\,\mathfrak{r}\times m\,\mathfrak{v} = \mathfrak{r}_M\times M\,\mathfrak{v}_M + \Sigma\,\mathfrak{r}\times m\,\mathfrak{v} = \mathfrak{D}_M + \Sigma\,\mathfrak{D}.$$

Führt man die Aufspaltungen in (41) ein, ergibt sich

$$(51) \qquad \mathfrak{M}_M + \sum\mathfrak{M} = \frac{d\,\mathfrak{D}_M}{d\,t} + \frac{d\,\Sigma\,\mathfrak{D}}{d\,t}.$$

Da für die im Massenmittelpunkte vereinigt gedachte Gesamtmasse der Impulsmomentensatz der Punktbewegung gilt, spaltet sich (51) in

$$(52) \qquad \mathfrak{M}_M = \frac{d\,\mathfrak{D}_M}{d\,t}; \quad \int_{t_1}^{t_2}\mathfrak{M}_M\,d\,t = \mathfrak{D}_{2\,M} - \mathfrak{D}_{1\,M}$$

(Impulsmomentensatz der im Schwerpunkt vereinigten Gesamtmasse).

$$(53) \qquad \sum\mathfrak{M} = \frac{d\,\Sigma\,\mathfrak{D}}{d\,t}; \quad \int_{t_1}^{t_2}\sum\mathfrak{M}\,d\,t = \sum(\mathfrak{D}_2 - \mathfrak{D}_1)$$

(Impulsmomentensatz in bezug auf den sich bewegenden Schwerpunkt).

Weiterhin folgt aus (50) durch Differentiation

$$(54) \qquad \mathfrak{v} = \mathfrak{v}_M + \mathfrak{v}; \quad m\,\mathfrak{v} = m\,\mathfrak{v}_M + m\,\mathfrak{v},$$

und durch Summierung über alle Impulse

$$(55) \qquad \Sigma\,m\,\mathfrak{v} = M\,\mathfrak{v}_M + \Sigma\,m\,\mathfrak{v}.$$

Andererseits ist nach der ersten der Gl. (48)

$$\Sigma\,m\,\mathfrak{v} = M\,\mathfrak{v}_M,$$

so daß sich ergibt

$$(56) \qquad \Sigma\,m\,\mathfrak{v} = \Sigma\,\mathfrak{B} = 0$$

(Impulssatz in bezug auf den sich bewegenden Schwerpunkt).

Unter Beachtung von (54) und (56) läßt sich die rechte Seite von (42) in der Form

$$\sum\frac{m}{2}\,(v_2^2 - v_1^2) = \sum\frac{m}{2}\,(v_{2\,M}^2 - v_{1\,M}^2) + \sum\frac{m}{2}\,(\overline{v}_2^2 - \overline{v}_1^2) =$$

$$= \frac{M}{2}\,(v_{2\,M}^2 - v_{1\,M}^2) + \sum\frac{m}{2}\,(\overline{v}_2^2 - \overline{v}_1^2)$$

Abb. 53.

schreiben, während die linke Seite mit (50) in

$$\sum \int_{\mathfrak{r}_1}^{\mathfrak{r}_2} (\mathfrak{P}_a + \mathfrak{P}_i)\, d\mathfrak{r} = \sum \int_{\mathfrak{r}_1 M}^{\mathfrak{r}_2 M} (\mathfrak{P}_a + \mathfrak{P}_i)\, d\mathfrak{r}_M + \sum \int_{\overline{\mathfrak{r}}_1}^{\overline{\mathfrak{r}}_2} (\mathfrak{P}_a + \mathfrak{P}_i)\, d\overline{\mathfrak{r}} =$$

$$= \int_{\mathfrak{r}_1 M}^{\mathfrak{r}_2 M} \left(\sum \mathfrak{P}_a \right) d\mathfrak{r}_M + \sum \int_{\overline{\mathfrak{r}}_1}^{\overline{\mathfrak{r}}_2} (\mathfrak{P}_a + \mathfrak{P}_i)\, d\overline{\mathfrak{r}}$$

übergeht. Man erhält daher

$$(57) \quad \begin{cases} \displaystyle \int_{\mathfrak{r}_1 M}^{\mathfrak{r}_2 M} \left(\sum \mathfrak{P}_a \right) d\mathfrak{r}_M + \sum \int_{\overline{\mathfrak{r}}_1}^{\overline{\mathfrak{r}}_2} (\mathfrak{P}_a + \mathfrak{P}_i)\, d\overline{\mathfrak{r}} = \\[2ex] \displaystyle \qquad\qquad\qquad = \frac{M}{2} (v_2^2 M - v_1^2 M) + \sum \frac{m}{2} (\overline{v}_2^2 - \overline{v}_1^2). \end{cases}$$

Da für die im Schwerpunkt vereinigt gedachte Gesamtmasse die Energiegleichung der Punktbewegung gilt, spaltet sich (57) auf in

$$(58) \quad \int_{\mathfrak{r}_1 M}^{\mathfrak{r}_2 M} \left(\sum \mathfrak{P}_a \right) d\mathfrak{r}_M = \frac{M}{2} (v_2^2 M - v_1^2 M) \qquad \text{(Energiesatz für den Schwerpunkt).}$$

$$(59) \quad \sum \int_{\overline{\mathfrak{r}}_1}^{\overline{\mathfrak{r}}_2} (\mathfrak{P}_a + \mathfrak{P}_i)\, d\overline{\mathfrak{r}} = \sum \frac{m}{2} (\overline{v}_2^2 - \overline{v}_1^2) \qquad \begin{array}{l} \text{(Energiesatz für die} \\ \text{Relativbewegung um den sich} \\ \text{bewegenden Schwerpunkt).} \end{array}$$

4. Der verlustfreie Zusammenstoß.

In dem Sonderfalle, wo $\Sigma \mathfrak{P} = 0$ und $\Sigma \mathfrak{M} = 0$ sind, sprechen die Gleichungen (40) und (41) die Sätze von der Erhaltung des System-Impulses und des

Abb. 54.

System-Dralles aus. Diese bilden zusammen mit dem Satze von der Erhaltung der Energie eine wichtige Grundlage für die Lösung zahlreicher dynamischer Aufgaben.

Handelt es sich z. B. um den verlustfreien Zusammenstoß zweier Fahrzeuge auf gerader Bahn (Abb. 54), so bestehen zwischen den Geschwindigkeiten v_1 und v_2 bzw. v_1' und v_2' vor bzw. nach dem Zusammenstoß die folgenden Beziehungen

$$m_1 v_1 + m_2 v_2 = m_1 v_1' + m_2 v_2' \qquad \text{(Erhaltung der Impulse)};$$

$$\frac{m_1}{2} v_1^2 + \frac{m_2}{2} v_2^2 = \frac{m_1}{2} v_1'^2 + \frac{m_2}{2} v_2'^2 \qquad \text{(Erhaltung der Energie).}$$

Die Auflösung liefert

$$(60) \quad v_1' = \frac{m_1 - m_2}{m_1 + m_2} v_1 + \frac{2 m_2}{m_1 + m_2} v_2 \,; \qquad v_2' = \frac{m_2 - m_1}{m_2 + m_1} v_2 + \frac{2 m_1}{m_2 + m_1} v_1 \,.$$

5. Übergang zum kontinuierlichen Punkthaufen.

Handelt es sich um einen kontinuierlichen Punkthaufen, wie im Falle einer strömenden Flüssigkeit oder eines schwingenden Körpers, so gehen die Summen in Integrale über. Werden auf die Raumeinheit bezogene Vektoren durch Sterne gekennzeichnet, ergibt sich:

$$(61) \quad \int\limits^{(V)} \mathfrak{P}_a^* \, dV = \frac{d}{dt} \int\limits^{(V)} \mathfrak{B}^* \, dV; \quad \int\limits_{t_1}^{(V)\,t_2}\!\!\!\int \mathfrak{P}_a^* \, dt \, dV = \int\limits^{(V)} (\mathfrak{B}_2^* - \mathfrak{B}_1^*) \, dV \quad \text{(Impulssatz);}$$

$$(62) \quad \int\limits^{(V)} \mathfrak{M}_a^* \, dV = \frac{d}{dt} \int\limits^{(V)} \mathfrak{D}^* \, dV; \quad \int\limits_{t_1}^{(V)\,t_2}\!\!\!\int \mathfrak{M}_a^* \, dt \, dV = \int\limits^{(V)} (\mathfrak{D}_2^* - \mathfrak{D}_1^*) \, dV \quad \text{(Impulsmomentensatz);}$$

$$(63) \quad \int\limits_{\mathfrak{r}_1}^{(V)\,\mathfrak{r}_2}\!\!\!\int (\mathfrak{P}_a^* + \mathfrak{P}_i^*) \, d\mathfrak{r} \, dV = \int\limits^{(V)} \frac{\gamma}{2g} (v_2^2 - v_1^2) \, dV \quad \text{(Energiesatz).}$$

$$(64) \quad \int\limits^{(V)} \mathfrak{P}_a^* \, \varDelta\mathfrak{r} \, dV = - \int\limits^{(V)} \mathfrak{P}_i^* \, \varDelta\mathfrak{r} \, dV \quad \text{(Arbeitsgleichung bei virtueller Verrückung);}$$

$$(65) \quad \int \overline{\mathfrak{P}_a^*} \, \varDelta\mathfrak{r} \, dV = - \int \overline{\mathfrak{P}_i^*} \varDelta\mathfrak{r} \, dV \quad \text{(Arbeitsgleichung bei virtueller Belastung).}$$

$$(66) \quad M = \int\limits^{(V)} \frac{\gamma}{g} \, dV; \quad \mathfrak{P}_M = \int\limits^{(V)} \mathfrak{P}^* \, dV; \quad \mathfrak{M}_M = \mathfrak{r}_M \times \mathfrak{P}_M; \quad \mathfrak{D}_M = \mathfrak{r}_M \times \mathfrak{B}_M.$$

$$(67) \quad M\,\mathfrak{r}_M = \int\limits^{(V)} \frac{\gamma}{g} \mathfrak{r} \, dV; \quad M\,\mathfrak{v}_M = \mathfrak{B}_M = \int\limits^{(V)} \frac{\gamma}{g} \mathfrak{v} \, dV; \quad M\,\mathfrak{p}_M = \mathfrak{P}_M = \int\limits^{(V)} \frac{\gamma}{g} \mathfrak{p} \, dV.$$

$$(68) \quad \mathfrak{P}_M = M\mathfrak{p}_M = \frac{d\,\mathfrak{B}_M}{dt}; \quad \int\limits_{t_1}^{t_2} \mathfrak{P}_M \, dt = \mathfrak{B}_2\,M - \mathfrak{B}_1\,M \quad \text{(Impulssatz des Schwerpunktes);}$$

$$(69) \quad \mathfrak{M}_M = M\,\mathfrak{r}_M \times \mathfrak{p}_M = \frac{d\,\mathfrak{D}_M}{dt}; \quad \int\limits_{t_1}^{t_2} \mathfrak{M}_M \, dt = \mathfrak{D}_2\,M - \mathfrak{D}_1\,M \quad \text{(Impulsmomentensatz des Schwerpunktes).}$$

$$(70) \quad \int \overline{\mathfrak{B}^*} \, dV = 0 \quad \text{(Impulssatz in bezug auf den sich bewegenden Schwerpunkt).}$$

$$(71) \quad \mathfrak{M}_D = \int\limits^{(V)} \mathfrak{r} \times \mathfrak{P}^* \, dV = \int \overline{\mathfrak{M}^*} \, dV \quad \text{(Abkürzung).}$$

$$(72) \quad \mathfrak{M}_D = \frac{d}{dt} \int\limits^{(V)} \mathfrak{D}^* \, dV; \quad \int\limits_{t_1}^{t_2} \mathfrak{M}_D \, dt = \int\limits^{(V)} \overline{\mathfrak{D}_2^*} - \overline{\mathfrak{D}_1^*}) \, dV \quad \text{(Impulsmomentensatz in bezug auf den sich bewegenden Schwerpunkt).}$$

$$(73) \quad \int\limits_{\mathfrak{r}_1 M}^{\mathfrak{r}_2 M} \mathfrak{P}_M \, d\mathfrak{r}_M = \frac{M}{2} (v_2^2\,M - v_1^2\,M) \quad \text{(Energiesatz des Schwerpunktes);}$$

$$(74) \quad \int\limits_{\mathfrak{r}_1}^{(V)\,\mathfrak{r}_2}\!\!\!\int (\mathfrak{P}_a^* + \mathfrak{P}_i^*) \, d\mathfrak{r} \, dV = \int\limits^{(V)} \frac{\gamma}{2g} (\bar{v}_2^2 - \bar{v}_1^2) \, dV \quad \text{(Energiesatz der Relativbewegung um den sich bewegenden Schwerpunkt).}$$

C. Dynamik des starren Körpers.

1. Dynamische Grundgleichungen.

Der starre Körper stellt den einfachsten Sonderfall des kontinuierlichen Punkthaufens dar. Die Gl. (61) bis (74) bilden daher auch den Ausgangspunkt der Dynamik des starren Körpers. Die Grundgleichungen (68) und (69) der Schwerpunktsbewegung können unmittelbar übernommen werden. Sie lauten etwas ausführlicher geschrieben:

$$(75) \quad \begin{cases} \mathfrak{P}_M = M\,\mathfrak{p}_M = \dfrac{d\,M\,\mathfrak{v}_M}{d\,t} = \dfrac{d\,\mathfrak{B}_M}{d\,t}\,; \\[2ex] \displaystyle\int_{t_1}^{t_2} \mathfrak{P}_M\,dt = M\,(\mathfrak{v}_{2M} - \mathfrak{v}_{1M}) = \mathfrak{B}_{2M} - \mathfrak{B}_{1M} \quad \text{(Schwerpunkt-Bewegung).} \end{cases}$$

$$(76) \quad \begin{cases} \mathfrak{M}_M = \mathfrak{r}_M \times \mathfrak{P}_M = \dfrac{d\,(\mathfrak{r}_M \times M\,\mathfrak{v}_M)}{d\,t} = \dfrac{d\,\mathfrak{D}_M}{d\,t}\,; \\[2ex] \displaystyle\int_{t_1}^{t_2} \mathfrak{M}_M\,dt = M\,(\mathfrak{r}_{2M} \times \mathfrak{v}_{2M} - \mathfrak{r}_{1M} \times \mathfrak{v}_{1M}) = \mathfrak{D}_{2M} - \mathfrak{D}_{1M}\,. \end{cases}$$

Die Gl. (70), nach welcher die Resultierende der Impulse der Relativbewegung um eine Schwerachse verschwindet, gilt selbstverständlich auch hier.

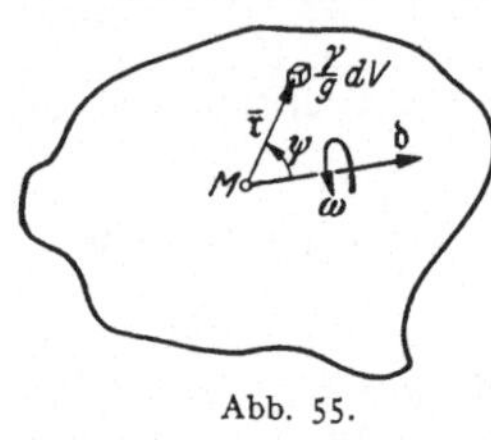

Abb. 55.

$$(77) \qquad \int^{(V)} \overline{\mathfrak{B}}{}^* \, dV = 0.$$

Um den Drall der Drehbewegung um eine Schwerachse $\mathfrak{d}$ ausdrücken zu können, muß Gl. I, 73 berücksichtigt werden, nach der

$$(78) \qquad \mathfrak{v} = d\,\overline{\mathfrak{r}}/dt = \omega\,\mathfrak{d} \times \overline{\mathfrak{r}}$$

ist. Wird der resultierende Drall um $\mathfrak{d}$ gemäß

$$(79) \qquad \mathfrak{D}_D = \int^{(V)} \overline{\mathfrak{D}}{}^* \, dV$$

abgekürzt, so folgt mit (78), wenn ψ den Winkel zwischen $\overline{\mathfrak{r}}$ und $\mathfrak{d}$ bezeichnet (Abb. 55),

$$(80) \quad \mathfrak{D}_D = \int^{(V)} \frac{\gamma}{g}\,\overline{\mathfrak{r}} \times (\omega\,\mathfrak{d} \times \overline{\mathfrak{r}})\,dV = \omega\,\mathfrak{d} \int^{(V)} \frac{\gamma}{g}\,r^2 \sin^2\psi\,dV + \omega \int^{(V)} \frac{\gamma}{g}\,\mathfrak{n}\,r^2 \sin\psi \cos\psi\,dV.$$

In dem zweiten Integral von (80) stellt $\mathfrak{n}$ den Normalenvektor des durch $\overline{\mathfrak{r}}$ bestimmten Drehkreises senkrecht zur $\mathfrak{d}$-Achse dar (Abb. 55a). Da dieses Integral im allgemeinen nicht verschwindet, weichen Drallrichtung und Drehrichtung gewöhnlich voneinander ab. Man bezeichnet:

$$(81) \qquad \mathfrak{d} \int^{(V)} \frac{\gamma}{g}\,r^2 \sin^2\psi\,dV = \mathfrak{J}_{\mathfrak{d}} = \mathfrak{d}\,I_{\mathfrak{d}} \qquad \text{(Trägheitsmomenten-vektor)},$$

$$(82) \qquad \int^{(V)} \frac{\gamma}{g}\,\mathfrak{n}\,r^2 \sin\psi \cos\psi\,dV = \mathfrak{C}_{\mathfrak{d}} \qquad \text{(Deviationsmomenten-oder Zentrifugalmomentenvektor).}$$

Abb. 55 a.

Mit (81) und (82) schreibt sich (80) in der Form

$$(83) \qquad \mathfrak{D}_D = \omega\,(\mathfrak{J}_{\mathfrak{d}} + \mathfrak{C}_{\mathfrak{d}}) = \omega\,(\mathfrak{d}\,I_{\mathfrak{d}} + \mathfrak{C}_{\mathfrak{d}}).$$

Das Deviationsmoment $|\mathfrak{C}_{\mathfrak{d}}|$ verschwindet bei jedem starren Körper für drei aufeinander senkrecht stehende Drehachsen, die als Hauptachsen bezeichnet werden. Verfügt der Körper über Symmetrieebenen, so stehen die Hauptachsenrichtungen auf diesen senkrecht. Die zu den Hauptachsen gehörigen Trägheitsmomente heißen Hauptträgheitsmomente.

$$(84) \qquad \mathfrak{D}_D = \omega\,\mathfrak{J} = \omega\,\mathfrak{d}\,I \qquad \text{(für Hauptträgheits- oder Hauptachsen).}$$

Sind die Hauptachsen eines Körpers bekannt, so läßt sich die Berechnung der Deviationsmomente umgehen, indem alle Vektoren nach den Hauptachsen aufgespalten werden.

$$(85) \quad \begin{cases} \mathfrak{D}_D = \mathfrak{D}_{D_1} + \mathfrak{D}_{D_2} + \mathfrak{D}_{D_3} = \omega\,\mathfrak{J} = \omega_1\,\mathfrak{J}_1 + \omega_2\,\mathfrak{J}_2 + \omega_3\,\mathfrak{J}_3 = \\[1ex] \qquad\qquad = \omega\,\mathfrak{d}\,I = \omega_1\,\mathfrak{d}_1\,I_1 + \omega_2\,\mathfrak{d}_2\,I_2 + \omega_3\,\mathfrak{d}_3\,I_3\,; \end{cases}$$

$$(86) \quad \mathfrak{D}_{D_1} = \omega_1\,\mathfrak{J}_1 = \omega_1\,\mathfrak{d}_1\,I_1\,; \quad \mathfrak{D}_{D_2} = \omega_2\,\mathfrak{J}_2 = \omega_2\,\mathfrak{d}_2\,I_2\,; \quad \mathfrak{D}_{D_3} = \omega_3\,\mathfrak{J}_3 = \omega_3\,\mathfrak{d}_3\,I_3\,.$$

Mit (79) lautet die den Impulsmomentensatz der Drehbewegung aussprechende Gl. (72)

$$(87) \qquad \mathfrak{M}_D = \frac{d\,\mathfrak{D}_D}{dt}; \qquad \int_{t_1}^{t_2} \mathfrak{M}_D\,dt = \mathfrak{D}_{2D} - \mathfrak{D}_{1D}.$$

Es verbleibt nun noch die Umschreibung der Energiesätze. Der Energiesatz (73) der Schwerpunktbewegung kann unmittelbar übernommen werden.

$$(88) \qquad \int_{\mathfrak{r}_1 M}^{\mathfrak{r}_2 M} \mathfrak{P}_M\,d\,\mathfrak{r}_M = \frac{M}{2}\left(v_{2M}^2 - v_{1M}^2\right).$$

Für die Drehwucht oder kinetische Drehenergie — rechte Seite von (74) — ergibt sich nach Einführen von (78) und bei Berücksichtigung von (81)

$$(89) \quad \left\{ \begin{aligned} \int^{(V)} \frac{\gamma}{2g}\left(v_2^2 - v_1^2\right) dV &= \frac{1}{2}\left(\omega_2^2 - \omega_1^2\right) \int^{(V)} \frac{\gamma}{g}\left(\mathfrak{d} \times \bar{\mathfrak{r}}\right)^2 dV = \\ &= \frac{1}{2}\left(\omega_2^2 - \omega_1^2\right) \int^{(V)} \frac{\gamma}{g}\, r^2 \sin^2\psi\,dV = \frac{1}{2}\,I_{\mathfrak{d}}\left(\omega_2^2 - \omega_1^2\right). \end{aligned} \right.$$

Damit folgt für den Energiesatz der Drehbewegung

$$(90) \quad \left\{ \begin{aligned} &\int_{\mathfrak{r}_1}^{(V)\;\mathfrak{r}_2} \int \left(\mathfrak{P}_a^{*} + \mathfrak{P}_i^{*}\right) d\,\bar{\mathfrak{r}}\,dV = \\ &\text{aufgewandte Dreharbeit} = \\ &\tfrac{1}{2}\,I_{\mathfrak{d}}\left(\omega_2^2 - \omega_1^2\right). \end{aligned} \right.$$

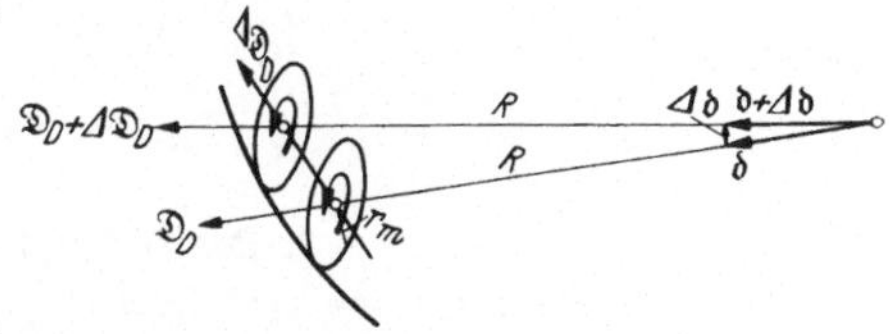

Abb. 56.

Um ein Anwendungsbeispiel für den Drallsatz (87) anzuschließen, sei das unter I, B, 3 behandelte Beispiel nochmals aufgegriffen und nach dem Drehmoment gefragt, das der Drall eines Laufrades in einem eine Kurve durchfahrenden Fahrzeuge hervorruft (vgl. hierzu Abb. 56).

Da die Drehachse des Laufrades eine Hauptachse ist, folgt zunächst aus (84)

$$\mathfrak{D}_D = \omega\,\mathfrak{d}\,I_{\mathfrak{d}},$$

und mit $\omega = v_M/R_a$

$$\mathfrak{D}_D = \mathfrak{d}\,\frac{v_M\,I_{\mathfrak{d}}}{R_a}.$$

Hieraus ergibt sich nach (87), wenn ω_F die Winkelgeschwindigkeit des Fahrzeuges bezeichnet,

$$\mathfrak{M}_D = \frac{d\,\mathfrak{d}}{dt}\,\frac{v_M\,I_{\mathfrak{d}}}{r_a} = \mathfrak{t}\,\omega_F\,\frac{v_M\,I_{\mathfrak{d}}}{r_a} = \mathfrak{t}\,\frac{v_M}{R}\,\frac{v_M\,I_{\mathfrak{d}}}{r_a} = \mathfrak{t}\,\frac{v_M^2\,I_{\mathfrak{d}}}{R\,r_a}$$

Wird $I_{\mathfrak{d}}$ auf den Laufradkranz beschränkt, erhält man

$$I_{\mathfrak{d}} = \frac{\gamma}{g}\,V\,r_m^2 \quad (V = \text{Laufkranzvolumen})$$

und damit

$$\mathfrak{M}_D = \mathfrak{t}\,\frac{\gamma}{g}\,V\,\frac{v_M^2\,r_m^2}{R\,r_a}.$$

In Anwendung auf das oben gewählte Zahlenbeispiel mit $v_M = 27{,}7$ msec^{-1}, $R = 500$ m, $r_m = 0{,}9\,r_a$ folgt

$$\mathfrak{M}_D = \mathfrak{t}\,\frac{\gamma}{g}\,V\,r_a \cdot 1{,}25 = 0{,}127\,G\,r_a\,\mathfrak{t}.$$

Wollte man wie früher von der Coriolisbeschleunigung ausgehen, so ergäbe sich (Abb. 19)

$$\mathfrak{M}_D = \mathfrak{t}\,\frac{\gamma}{g}\,\frac{V}{2\pi}\int_0^{2\pi} |\mathfrak{p}_c|\,r_m \sin\varphi\,d\varphi = \mathfrak{t}\,\frac{\gamma}{g}\,\frac{V}{2}\cdot 2{,}77\,r_m = 0{,}127\,G\,r_a\,\mathfrak{t},$$

d. h. derselbe Wert.

Weiterhin sei eine Drehlaufkatze betrachtet (Abb. 57), die sich mit der Winkelgeschwindigkeit ω_e um ihre symmetrisch gelegene Achse dreht und mit voller Wucht gegen die Puffer fährt. Um zunächst das Trägheitsmoment zu berechnen, denkt man sich das Brückengewicht gleichmäßig über die Länge $L = 2R$ verteilt. Wird die meist geringe Seitenausdehnung des Trägers unberücksichtigt gelassen, so folgt

$$I = \frac{G}{2Rg} \int\limits_{-R}^{+R} x^2\, dx = \frac{G R^2}{3g}.$$

Sind die Federn um das Maß $s = R\,(\varphi - \varphi_e)$ eingedrückt, so lautet die Energiegleichung (90)

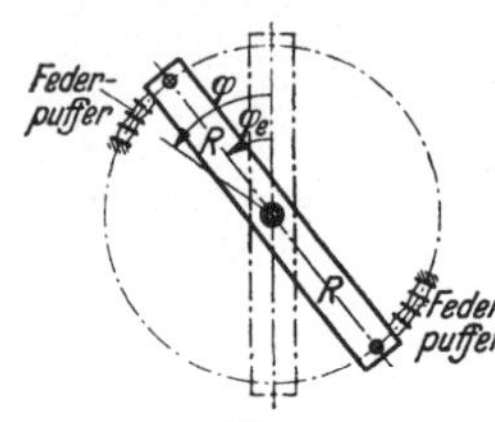

Abb. 57.

$$2 \int\limits_{0}^{s} P\, ds = \frac{I}{2} \left(\omega_e^2 - \omega^2\right).$$

Nun ist $P = cs = cR\,(\varphi - \varphi_e)$; $ds = R\, d\varphi$, so daß sich ergibt

$$2 \int\limits_{0}^{(\varphi - \varphi_e)} cR^2\,(\varphi - \varphi_e)\, d\varphi = \frac{I}{2}\left(\omega_e^2 - \left(\frac{d\varphi}{dt}\right)^2\right) =$$
$$= \frac{G R^2}{6g}\left(\omega_e^2 - \left(\frac{d\varphi}{dt}\right)^2\right).$$

Die Integration unter Berücksichtigung der Randbedingungen liefert

$$\varphi = \varphi_e + \omega_e \sqrt{\frac{G}{6gc}}\, \sin t \sqrt{\frac{6gc}{G}},$$

und damit

$$\max\varphi = \varphi_e + \omega_e \sqrt{\frac{G}{6gc}}, \quad \max P = cR\,(\max\varphi - \varphi_e) = R\,\omega_e \sqrt{\frac{Gc}{6g}}.$$

2. Das Gleichgewicht.

Man bezeichnet einen starren Körper als „im Gleichgewicht befindlich", wenn die Summe aller Kräfte und Momente für einen beliebigen Bezugspunkt verschwindet. Die entsprechenden Bedingungsgleichungen lauten, unter Einschaltung des Schwerpunktes,

$$(91) \qquad \left\{ \begin{array}{l} \Sigma \mathfrak{P} = \mathfrak{P}_M = 0 \\ \Sigma \mathfrak{r} \times \mathfrak{P} = \mathfrak{r} \times \mathfrak{P}_M + \mathfrak{M}_D = 0 \end{array} \right\} \text{ Gleichgewichtsbedingungen.}$$

$$(92) \qquad \left\{ \begin{array}{l} \mathfrak{P}_M = 0 \\ \mathfrak{M}_D = 0 \end{array} \right\} \text{ Gleichgewichtsbedingungen.}$$

Wird ein Vektorkreuz $\mathfrak{i}_1$, $\mathfrak{i}_2$, $\mathfrak{i}_3$ als Bezugssystem eingeführt und werden $\mathfrak{P}$ und $\mathfrak{r}$ in diesem gemäß

$$(93) \qquad \left. \begin{array}{l} \mathfrak{P} = \mathfrak{i}_1 P_x + \mathfrak{i}_2 P_y + \mathfrak{i}_3 P_z \\ \mathfrak{r} = \mathfrak{i}_1 x + \mathfrak{i}_2 y + \mathfrak{i}_3 z \end{array} \right\} \quad (\mathfrak{i}_1\mathfrak{i}_2 = \mathfrak{i}_2\mathfrak{i}_3 = \mathfrak{i}_3\mathfrak{i}_1 = 0)$$

ausgedrückt (Abb. 58), so zerfällt (91) in die 6 Koordinatengleichungen

$$(94) \qquad \left. \begin{array}{l} \Sigma P_x = 0 \\ \Sigma P_y = 0 \\ \Sigma P_z = 0 \end{array} \right\} \quad \text{(Kräftegleichgewicht);}$$

$$(95) \qquad \left. \begin{array}{l} \Sigma\,(y P_z - z P_y) = 0 \\ \Sigma\,(z P_x - x P_z) = 0 \\ \Sigma\,(x P_y - y P_x) = 0 \end{array} \right\} \quad \text{(Momentengleichgewicht).}$$

Der den Gleichgewichtsbedingungen entsprechende Bewegungszustand des starren Körpers heißt Gleichgewichtszustand. Aus (92) folgt in Verbindung mit (75) und (87) zunächst

$$(96) \qquad \left\{ \begin{array}{l} \mathfrak{B}_M\,(t) = \mathfrak{B}_M\,(t_0) \\ \mathfrak{D}_D\,(t) = \mathfrak{D}_D\,(t_0) \end{array} \right\} \quad \text{(Gleichgewicht-Zustandsgleichungen),}$$

d. h. die Sätze von der Erhaltung des Massenmittelpunktimpulses und des auf die Drehung um den Schwerpunkt bezogenen Drallimpulses. Der erstere bedingt eine gleichbleibende Geschwindigkeit des Schwerpunktes, der letztere eine Drehung mit gleichbleibender Winkelgeschwindigkeit um eine der drei *Hauptachsen*, denn der Drallvektor würde bei der Drehung des Körpers um eine beliebige Schwerpunktsachse zwar seine Größe, aber nicht die Richtung beibehalten, da seine Bahn ein Kegel wäre. Demgemäß läßt sich (96) auch in der Form schreiben

$$(97) \quad \begin{cases} \mathfrak{v}_M\,(t) = \mathfrak{v}_M\,(t_0); \\ \omega_{\mathfrak{d}}\,(t) = \omega_{\mathfrak{d}}\,(t_0) \quad (\mathfrak{d}\ \text{Hauptachse}) \end{cases}$$

(Gleichgewichts-Zustandsgleichungen)

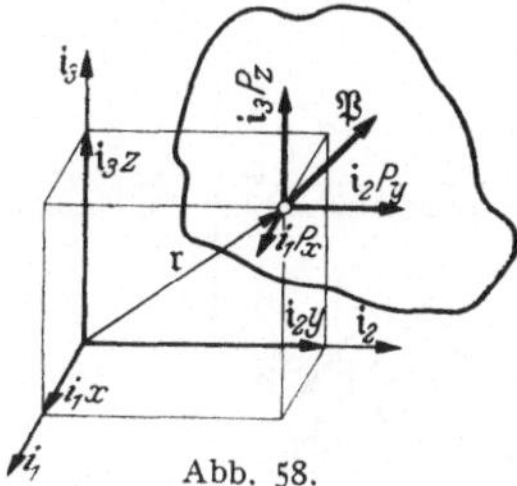

Abb. 58.

Nach I, B, 1 ist die gleichzeitige Verschiebung und Drehung eines Körpers einer Schraubung gleichwertig. Der Gleichgewichtszustand stellt daher im allgemeinsten Falle eine Schraubung mit gleichbleibender Geschwindigkeit um eine den drei Hauptachsen parallele Achse dar.

Sonderfälle des Gleichgewichts sind eine Verschiebung mit gleichbleibender Geschwindigkeit oder eine Drehung mit gleichbleibender Winkelgeschwindigkeit um eine den Hauptachsen parallele Achse. Eine Ausartung von beiden ist der Zustand der Ruhe.

3. Die Trägheits-Gegenwirkungen.

Für die Bewegung eines starren Körpers auf geradliniger Bahn ist nach (75) eine Kraft $\mathfrak{P} = M\mathfrak{p}$ erforderlich. Man kann diesen Tatbestand auch so ausdrücken, daß, um M mit der Beschleunigung $\mathfrak{p}$ zu bewegen, ein Widerstand in Höhe von $\mathfrak{T} = -m\mathfrak{p}$ überwunden werden muß, der zwar äußerlich nicht sichtbar ist, aber in dem allgemeinen, schon von NEWTON ausgesprochenen Erfahrungsgesetz

$$\text{actio} = \text{reactio}$$

begründet liegt. Im vorliegenden Falle wird die Gegenwirkung als Trägheitskraft bezeichnet.

$$(98) \qquad \mathfrak{T} = -m\,\mathfrak{p} \quad \text{(Trägheitskraft)}.$$

Bewegt sich der Körper auf gekrümmter Bahn, so tritt zu der in die Bahnrichtung fallenden Beschleunigung $\mathfrak{p}_t$ noch die Krümmung erzwingende Normal- oder Zentripetalbeschleunigung $\mathfrak{p}_\mathfrak{n}$ hinzu. Durch Multiplikation mit der Masse ergeben sich hieraus die Bahnkraft $\mathfrak{P}_t = M\,\mathfrak{p}_t$ und die Zentripetalkraft $\mathfrak{P}_\mathfrak{n} = M\mathfrak{p}_\mathfrak{n}$. Die zugehörigen Trägheitsgegenwirkungen werden als Bahn-Trägheitskraft und Zentrifugalkraft

$$(99) \qquad \mathfrak{T}_t = -M\,\mathfrak{p}_t; \quad \mathfrak{T}_n = -M\,\mathfrak{p}_\mathfrak{n}$$

bezeichnet.

Handelt es sich schließlich um eine Relativbewegung, so setzt sich die Beschleunigung nach I (78) aus Führungs-, Coriolis- und Relativbeschleunigung zusammen, woraus durch Multiplikation mit der Masse die entsprechenden Kräfte folgen. Die Trägheitsgegenkräfte sind

$$(100) \qquad \mathfrak{T}_F = -M\,\mathfrak{p}_F; \quad \mathfrak{T}_C = -M\,\mathfrak{p}_C; \quad \mathfrak{T}_R = -M\,\mathfrak{p}_R.$$

In ähnlicher Weise kann man bei der Drehbewegung von Trägheits-Gegenmomenten usw. sprechen, worauf weiter einzugehen sich erübrigt.

4. Das dynamische Gleichgewicht. D'ALEMBERT'sches Prinzip.

Durch Heranziehung der Trägheitsgegenwirkungen lassen sich die dynamischen Grundgleichungen auch in der Form von Gleichgewichtsbedingungen schreiben

$$(101) \quad \begin{cases} \varSigma\,\mathfrak{P} - \dfrac{d\,\mathfrak{B}_M}{dt} = 0 \\[2mm] \varSigma\,\mathfrak{M} - \dfrac{d(\mathfrak{D}_M + \mathfrak{D}_D)}{dt} = 0 \end{cases} \quad \text{bzw.} \quad \begin{aligned} &\mathfrak{P}_M - \dfrac{d\,\mathfrak{B}_M}{dt} = 0 \\[2mm] &\mathfrak{M}_M + \mathfrak{M}_D - \dfrac{d\,\mathfrak{D}_M}{dt} - \dfrac{d\,\mathfrak{D}_D}{dt} = 0. \end{aligned}$$

Die Gl. (101) gestatten, dynamische Problemstellungen auf statische zurückzuführen, wodurch die Lösung vieler Aufgaben, wie Bestimmung von Reaktionskräften, Gelenkdrucken u. dgl. ungemein erleichtert wird. Die statische Behandlung dynamischer Probleme wird als „D'ALEMBERTsches Prinzip" bezeichnet.

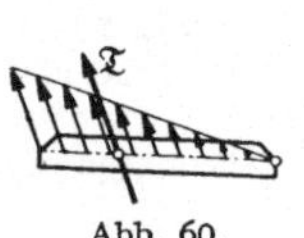

Um ein Beispiel anzuschließen, sei ein einziehbarer Kranausleger (Abb. 59) betrachtet, der während des Einziehens durch Reißen der Einziehseile in seine Ausgangsgleichgewichtslage zurückschnellt. Ist h_0 die Fallhöhe im Augenblicke des Reißens, h die Fallhöhe in irgendeiner Zwischenlage, a der Schwerpunktsabstand zum Drehpunkt und ω die Winkelgeschwindigkeit, so liefert zunächst die Energiegleichung

$$G\,(h_0 - h) = \tfrac{1}{2}\,M\,a^2\,\omega^2 + \tfrac{1}{2}\,I\,\omega^2 = \tfrac{1}{2}\,(M\,a^2 + I)\,\omega^2.$$

Hieraus folgt

$$\omega = \sqrt{\frac{2\,G\,(h_0 - h)}{M\,a^2 + I}}.$$

Abb. 59.

Weiterhin ergibt sich durch Differentiation der Energiegleichung

$$-\,G\,\frac{dh}{dt} = (M\,a^2 + I)\,\omega\,\dot{\omega}.$$

Nun ist nach Abb. 59

$$h_0 - h = a\,(\cos\varphi_0 - \cos\varphi);\qquad \frac{dh}{dt} = -\,a\sin\varphi\,\frac{d\varphi}{dt} = -\,a\,\omega\sin\varphi.$$

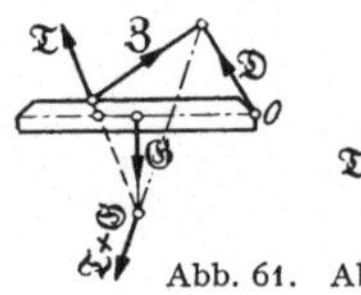

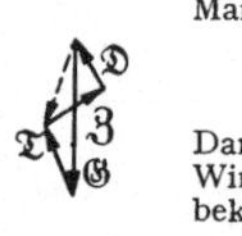

Man erhält daher

$$\dot{\omega} = \frac{G\,a\sin\varphi}{M\,a^2 + I}.$$

Damit sind Winkelgeschwindigkeit und Winkelbeschleunigung der Drehbewegung bekannt.

Da Geschwindigkeit und Beschleunigung vom Auslegerdrehpunkt aus linear zunehmen, liegt bei Annahme gleichmäßiger

Abb. 60.   Abb. 61.   Abb. 62.

Massenverteilung der Angriffspunkt der resultierenden Trägheitskraft im vorderen Drittelpunkt der Auslegerschwerlinie (Abb. 60). Die Bahnkomponente ist

$$\mathfrak{T}_t = -\,\mathfrak{i}\,\frac{G}{g}\,\dot{\omega}\,a,$$

die Zentrifugalkomponente

$$\mathfrak{T}_n = -\,\mathfrak{n}\,\frac{G}{g}\,\omega^2\,a.$$

Ihre Resultierende $\mathfrak{T}$ läßt sich mit dem Eigengewicht $\mathfrak{G}$ zu einer Gesamtresultierenden vereinigen die gemäß Abb. 61 von Hängestange und Drehpunkt aufgenommen wird. Das zugehörige geschlossene Krafteck des dynamischen Gleichgewichtszustandes ist aus Abb. 62 ersichtlich.

Da es sich im vorliegenden Falle um eine plötzlich in Erscheinung tretende Belastung von Hängestange und Brückenhauptträger handelt, sind gemäß II, a, 5 die aus dem dynamischen Gleichgewichtszustande sich ergebenden Stabkräfte zwecks Erfassung der Größtbeanspruchung zu verdoppeln.

Gewöhnliche Differentialgleichungen nebst Anwendungen. Von Professor Dr. **Fritz Iseli**, Winterthur. Mit 57 Abbildungen. IV, 106 Seiten. 1936. RM 5.40

Mechanische Schwingungen. Von Professor **J. P. Den Hartog**, Cambridge, Mass. Deutsche Bearbeitung von Dr. **Gustav Mesmer**, Aachen. Mit 274 Abbildungen. XII, 343 Seiten. 1936.
RM 28.—; gebunden RM 29.60

Mechanische Schwingungen in der Technik. Von Professor Dr.-Ing. **Otto Föppl**, Braunschweig.
Band I: Grundzüge der technischen Schwingungslehre. Zweite, verbesserte und ergänzte Auflage. Mit 140 Abbildungen im Text. VI, 212 Seiten. 1931. RM 7.42; gebunden RM 8.55
Band II: Aufschaukelung und Dämpfung von Schwingungen. Mit 72 Abbildungen im Text. VI, 121 Seiten. 1936.
RM 6.90; gebunden RM 8.40

Einführung in die theoretische Kinematik insbesondere für Studierende des Maschinenbaues, der Elektrotechnik und der Mathematik. Von Professor Dr. phil. Dr. rer. techn. h. c. **Reinhold Müller**, Darmstadt. Mit 137 Abbildungen im Text. VII, 124 Seiten. 1932. RM 6.80

Einführung in die ebene Getriebelehre. Zum Gebrauche bei Vorlesungen an Technischen Hochschulen und für die Praxis. Von Professor Dr.-Ing. **Theodor Pöschl**, Karlsruhe. Mit 84 Textabbildungen. VI, 127 Seiten. 1932. RM 9.75

Geschütz und Schuß. Eine Einführung in die Geschützmechanik und Ballistik. Von Marine-Studienrat Dr. phil. **Ludwig Hänert**, Mürwik. Zweite, verbesserte Auflage. Mit 161 Textabbildungen. VI, 370 Seiten. 1935. Gebunden RM 27.—

Physik. Ein Lehrbuch. Von Professor **Wilhelm H. Westphal**, Berlin. Vierte Auflage. Mit 619 Abbildungen. VII, 625 Seiten. 1937.
Gebunden RM 19.80